计算机类技能型理实一体化新形态系列

低代码JS UI构件

实现Web前端快速开发

（微课视频版）

主　编　于丙超　郭　轲
副主编　刘在云　孙仁诚
　　　　郭静怡

清华大学出版社
北京

内 容 简 介

这是一本讲述 JavaScript 调用低代码构件简化前端编程的教材。本书从 JavaScript 基础讲起，内容涵盖了 JavaScript 调用前端构件方法，构件能够完成的前端布局、显示、输入功能，以及前端如何存储数据，如何与用户互动。

本书案例丰富，功能实用，其中如工具条、电子表格、图文列表、幻灯片、播放器、批量表单、购物车以及类 Excel 编辑器等都是前端必要的组件。特别是第 6 章的案例，只使用前端低代码构件就实现了物流、资金流和信息流的流转，算是一个小突破。

高等院校使用本书教学，学生既能从宏观层面掌握信息系统的模块，又能学到各个模块的编程细节。企业使用本书介绍的构件做项目，能够简化编程，提高开发效率，减少维护成本。

图书在版编目（CIP）数据

低代码 JS UI 构件实现 Web 前端快速开发：微课视频版/于丙超，郭轲主编. —北京：清华大学出版社，2023.11

（计算机类技能型理实一体化新形态系列）

ISBN 978-7-302-64785-0

Ⅰ. ①低…　Ⅱ. ①于…　②郭…　Ⅲ. ①网页制作工具－教材　②JAVA 语言－程序设计－教材　Ⅳ. ①TP393.092.2　②TP312.8

中国国家版本馆 CIP 数据核字（2023）第 195171 号

责任编辑：张龙卿　李慧恬
封面设计：曾雅菲　徐巧英
责任校对：袁　芳
责任印制：杨　艳

出版发行：清华大学出版社
　　　　　网　　　址：https://www.tup.com.cn, https://www.wqxuetang.com
　　　　　地　　　址：北京清华大学学研大厦 A 座　　　　邮　　编：100084
　　　　　社 总 机：010-83470000　　　　　　　　　　邮　　购：010-62786544
　　　　　投稿与读者服务：010-62776969, c-service@tup.tsinghua.edu.cn
　　　　　质量反馈：010-62772015, zhiliang@tup.tsinghua.edu.cn
　　　　　课件下载：https://www.tup.com.cn, 010-83470410
印 装 者：北京嘉实印刷有限公司
经　　销：全国新华书店
开　　本：185mm×260mm　　　印　　张：12.5　　　字　　数：299 千字
版　　次：2023 年 11 月第 1 版　　　印　　次：2023 年 11 月第 1 次印刷
定　　价：49.00 元

产品编号：103226-01

序 言

本书是一本讲述如何用 JavaScript 调用低代码构件简化前端编程的教材。低代码程序设计技术是一种软件开发方法,通过使用图形化界面、预构建的模板和组件,以及可视化的配置选项来简化编程过程。这种技术允许非专业程序员或具有较少编程经验的人员轻松地构建应用程序,提高了开发效率。低代码技术的目的是降低软件开发的技术门槛,使更多的人能够参与应用程序开发工作。

随着硬件与带宽技术的提升,一些跟信息传输有关的效率问题已经在很大程度上被解决了,但是企事业单位信息化过程中仍然存在需求沟通较为耗时的问题,原因通常是行业专家不熟悉计算机系统,而计算机专家不熟悉行业的经营情况。

几十年前我们开发"北京亚运会计算机信息系统"时,设计部的系统设计人员要与竞赛部的竞赛业务人员进行很长时间的沟通,以求得双方对系统需求的理解和认同,这说明计算机工程师和行业专家之间存在一条沟通鸿沟。但现在用低代码技术,只需计算机工程师向行业专家问清楚工具条要显示什么内容(如项目、材料、专家、上传记录、评审记录等),计算机工程师用中文就可以做出一个软件界面的雏形,这就使用户方可以很快地了解到实际需求是否得到了实现。

在学校教学中其实也存在类似的问题。比如,非计算机专业学生不易深入掌握计算机知识,而计算机专业学生又难以了解其他专业的相关内容。也就是说,沟通的鸿沟在学生时代已经开始存在。如何消灭沟通的鸿沟,这是低代码编程正在解决的问题。

本书的第 6 章完整地介绍了一个会员预订与进销存信息系统,这个系统拥有完整的物流、资金流和信息流,对于非计算机专业的学生,从宏观层面了解信息系统的组成是有帮助的;对于计算机专业的学生,学习行业经营流程也是非常实用的。这样等到他们走上工作岗位后,就可以举一反三地将学习的内容应用到其他信息系统和其他行业,减少沟通障碍,提高工作效率。

本书主要讲解低代码前端编程,这种编程方法尽管不是图形化拖拽式编程,但是只要有一定计算机基础的人学习过本书后,都能够快速创建基本的程序界面,降低了编程难度,提高了编程效率。比如,中国足球协会若要做一套足球比赛管理系统,以前或许只能外包给专业的软件公司开发,成本高、周期长;现在使用低代码编程,信息中心的人自己就可以开发。

对于程序设计的初学者来说,本书可以作为一本快速掌握基础编程方法的学习教材;而对于高等院校的学生来说,本书可以作为一本计算机基础教育的教学用书。以前计算机基础编程的书籍只讲算法,通常看不到界面,要在实际工作中用好这些算法还是有很大难度的,学生掌握不了完整的信息系统理论,学习起来也较为枯燥。但本书将算法进行了简化,使初学者可以快速掌握,还可以看到完整的系统界面,这样就降低了学习的难度,也便于提升初学者学习的积极性,对于基础教学将会有较大帮助。

北京联合大学原副校长　高林教授

2023 年 5 月

前　言

党的二十大报告中指出教育、科技、人才是全面建设社会主义现代化国家的基础性、战略性支撑;必须坚持科技是第一生产力、人才是第一资源、创新是第一动力;深入实施科教兴国战略、人才强国战略、创新驱动发展战略,这三大战略共同服务于创新型国家的建设。

随着计算前置架构的流行,JavaScript 语言开始承担越来越多的计算任务。为了构建前端页面,有必要使用成熟的前端 UI 组件。使用组件可以大大加快开发速度,就像机械工人使用数控机床及建筑工人使用挖掘机一样,可以如虎添翼,事半功倍。

本书介绍的前端 UI 构件和组件是一组低代码构件,功能强大,基本涵盖了软件和网站开发的常用功能,使用很少的代码即可开发强大的前端功能。

我们知道,最好的学习编程的方式就是能够迅速看到结果,能给学生进行不断的正反馈。几乎所有程序员都认为有效、持续、丰富的正反馈,特别是有功能界面的反馈明显优于只做算法的单调的学习反馈。

所以本书从第 1 章开始就引入了大量的案例,比如第 1 章讲解了如何使用 JavaScript 和 HTML 语言实现同学录的存储、展示和单击表头排序功能。

后面的章节更是以详细的代码和案例介绍了如何用 UI 构件实现页面布局及显示工具条,前端如何实现登录、注册功能,如何实现类似 Excel 的电子表格。

对于电子商务常用的产品列表、购物车、订单、报表、日历等功能,我们已经比较熟悉,但是还不知道如何用前端 UI 实现,本书仔细讲解了整个电子商务前端的实现过程,讲解了组件如何显示商品订单、如何选购、如何交互、如何接收事件以及传递参数等细节。

类似 jQuery UI 的普通编程框架在构建页面时,难免要书写大量的HTML、CSS 和 JavaScript 代码,学生学完相关课程后仍不能对怎样建设网站和怎样开发信息系统了然于胸。

本书介绍的前端 UI 构件是用低代码实现的,jQuery UI 用数万行代码完成的功能,本书使用构件只需要数百行,总代码量大约是 jQuery UI 的1%。可以用这些构件完整地创建一个前端应用系统,它有着完整的物流、资金流和信息流,虽然没有后端和数据库,但是却可以保存用户操作记录,使用起来完全没有障碍——这对于学生从宏观理解信息系统有较大帮助,这是其他同类前端 UI 不能实现的功能,也是同类书籍中不曾讲解的内容,算是本书的一个特色。

本书介绍的 JS 组件是开源的,学生除了在学校可以用外,走上工作岗位也可以用;可以在线使用,也可以下载到本地使用;可以跟前端 HTML、CSS 等语言混合使用,也可以跟 JSP、ASP 和 PHP 等多种后端语言结合使用。这样,学生在工作后可以应用自己在学校学到的知识,真正做到学有所用。

因为本书的前端低代码 UI 构件和组件代码量少、逻辑简要清晰,大学生可以精确掌握组件的用法,而且因为可以用中文编程,英文水平不高的学生也可以像写文章一样写程序。

对于计算机相关专业的学生,可以对书中的自定义样式、后台交互等有难度的内容进行深入学习和挖掘,提升自己的编程能力。

对于已经在企事业单位中工作几年的程序员,可以考虑采用本书介绍的 UI 构件改造自己的系统,促进软件演化,减少代码量,减少后期维护工作量。

总之,本书介绍的 JS 构件是非常实用的,既有利于学生快速掌握编程思想,方便教师教学,又有利于程序员提高开发效率,使企业降低开发成本。

编　者
2023 年 5 月

目 录

第 1 章　JavaScript 与 HTML 基础

本章主要内容是介绍 JavaScript 和 HTML 基础知识,包括语法、结构、编程思想和调试工具等。JavaScript 语言功能丰富,本章只挑选低代码编程需要的知识讲授。换言之,掌握了本章内容的读者,就能够使用低代码构件进行快速编程了。如果已经掌握 JavaScript 和 HTML 知识,只需要对调试工具、变量命名规范了解一下即可。

1.1　JavaScript 概述

JavaScript 简称 JS,是一种解释性语言,即需要被浏览器解释、编译成二进制,然后才能执行,解释和编译过程在浏览器后台执行,用户是看不到的。

1.1.1　历史

JavaScript 语言的发明人是布兰登·艾奇。1995 年,时年 34 岁的他在美国网景公司任职时,为网景浏览器开发出 JavaScript。

JavaScript 最开始被定义为一种脚本语言,只是让页面动起来,但是其发展速度超出了预期,一度使得解释其执行的浏览器频繁崩溃。

直到 2001 年微软发布了 IE 6,推出了 DOM 技术,首次实现对 JavaScript 引擎的优化和分离,JavaScript 才开始更加广泛地应用于页面中。

微软一直引领 JavaScript 发展到 2006 年,其间还发明了 Ajax 技术,但 Ajax 第一次广泛使用是在 Google 搜索引擎中——自此 Google 接过了 JavaScript 的接力棒,成为 JavaScript 技术的领航者。2008 年 Google 发布了 Chrome 浏览器,其最大的特点就是针对 JavaScript 进行了引擎优化,运行速度超过了 IE 6 数倍。

2011 年,随着移动设备成熟,在苹果公司牵头下,HTML 5 发布,JavaScript 语言进一步扩容,ECMAScript 5.1 规范发布,JavaScript 开始支持触摸事件等,能够实现语音功能和播放视频等。

此后的十年,JavaScript 一直在不断完善中,有一些人工智能、更多的硬件交互,以及虚拟影像功能正在逐渐添加进来。

1.1.2　作用与用法

浏览器刚刚诞生的时候,只能显示用 HTML 语言编写的静态网页,交互非常简单,通过 href 实现单击 a 标签就可跳到相应的地方。JavaScript 诞生后,因为可以处理更多的事件,网页的互动性大大加强。

JavaScript 语言也可以跟 HTML 语言和 CSS 语言交互使用,可以增强网页的动态效果。

在 HTML 页面中使用 JavaScript 语言编程,需要使用<script>标签包裹起来。例如:

代码 1-1　在 HTML 页面中使用<script>标签。

```
1  <html><head></head><body>
2  <script>
3      document.write("世界,你好!");
4      document.write("Hello,world!");
5  </script>
6  </body>
7  </html>
```

上面代码的第 1 行为 HTML 代码的起始符,第 2 行为<script>起始符,第 3、4 行为 JavaScript 代码,第 5 行为</script>结束符,第 6、7 行为 HTML 代码的结束符。

上面的 script 标签写在 body 里面,实际上 JavaScript 代码可以写在任何 HTML 标签里面。

1.1.3　调试工具

JavaScript 由浏览器解释和执行,所以浏览器可以作为 JavaScript 调试工具。

现在,市场占有率最大的浏览器是 Google 公司的 Chrome 浏览器。在菜单中选择"更多工具"→"开发者工具"命令,即可打开浏览器的调试工具,如图 1-1 所示。

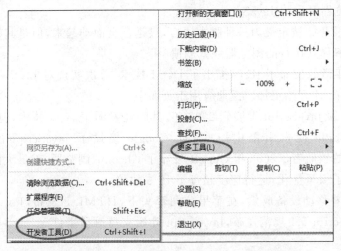

图 1-1　打开 Chrome 浏览器的 JavaScript 调试工具

调试工具中比较常用的调试窗口有两个:一个是 Console,另一个是 Network。

(1) Console 的作用主要有两点:一是打印所有 JavaScript 使用 console.log 输出的调试信息,二是用红字显示错误和异常。

(2) Network 可以显示已访问的网址和参数信息,包括以 get 和 post 方式提交的参数,这个功能非常有用。本书后面几章都会用到查看参数的功能。

除了 Google 浏览器外,微软的 IE、Edge 浏览器的调试工具也非常实用,因为前端开发通常要测试代码的浏览器兼容性,所以即使用 Chrome 调试完毕,也需要用其他浏览器再次调试一遍,直到所有浏览器都能兼容为止。

从笔者的开发经验来看,有时候 Chrome 浏览器不能准确定位错误;而 IE 和 Edge 浏览器可以准确定位错误,按 F12 键即可打开微软这两款浏览器的控制台。与 Chrome 不同的是,一旦关闭控制台,IE 和 Edge 浏览器会自动清空所有调试记录,这也是它们的不足之处。所以,平时调试用 Chrome 浏览器就足够了,当 Chrome 不能定位错误时,可以换用 IE 或者 Edge 辅助查找。

1.2　语　　法

JavaScript 语法采用了一些 Java 的语法,并做了适当修改,这也是将其命名为 JavaScript 的原因之一。

1.2.1　变量

JavaScript 中的变量是弱类型的,类似于数学中的未知数,可以被赋予任何值,被赋予的值保存在浏览器的内存中,一旦浏览器刷新或者关闭,就会清空所有内存中的值。

所谓弱类型,是指 JavaScript 在定义变量时,不需要区分是整数类型还是字符串类型,都使用关键字 var 来定义变量,这一点与 C 语言、Java 语言不同。相同的是它们都使用等号来为变量赋值,如"var a＝1;"。

注意:末尾的分号表示一个语句结束,这一点与其他语言相同。另外,定义变量的语句也支持多个变量相继赋值,只需用逗号隔开即可,例如:

```
var a=1, b=2, c=3, d='世界', e='你好',f=true,g=false;
```

在对变量进行命名时,有一些规则需要注意。

(1) 变量名称是区分大小写的,a 和 A 是不同的变量。

(2) 变量名称只能以大小写字母、数组、下画线和美元 $ 符号组成。

(3) 变量名称不能以数字开头。

(4) 字符串变量需要用半角单引号或者双引号包裹。

(5) 布尔变量只有 true 和 false 这两种值。

在给变量命名时,为了便于记忆和阅读,通常要采用有含义的字符串,如英语 school 要比 ssss 容易记忆,也比拼音 xuexiao 容易阅读。老师或者其他书籍上一般会提到这个命名规则,本书的拔高之处在于,为了提高阅读速度,本书介绍的低代码构件支持中文命名。例如,"var name＝'大熊猫';"这个语句采用中文命名的方式,可以写为"$.名称＝'大熊猫';"语句,即用中文名称方式来定义变量名称,只需要在汉字前面加上美元符号和点即可,这对于英文不佳的程序员来说绝对是一个福音,对于英语好的程序员来说也节省了编写注释的工作量。

中文编程一直是中国人的梦想,编程原理在 1.4 节会详细介绍,后面章节也会通过构件

3

案例来提高熟练度。

1.2.2　运算符

运算符用于执行程序代码运算,通常用来对一个或者多个变量、常量进行计算。

运算符有很多种类,低代码常用到四种运算符:算术运算符、关系运算符、逻辑运算符和三目运算符。下面进行详细介绍。

(1) 算术运算符是指用来进行加、减、乘、除数学运算的运算符,加、减跟数学中的相同,就是＋、－,乘号用＊,除号用/。

(2) 关系运算符是指比较数字和字符串大小的运算符,大于号是＞,小于号是＜,等于号是＝＝,因为一个等号是赋值,大于或等于是＞＝,小于或等于是＜＝。

(3) 逻辑运算符是指对布尔变量进行逻辑运算,使用感叹号"!"。

(4) 三目运算符较为复杂,通常用来进行选择性返回值,由"?"和":"组成。例如,"2＞1? 2：1"的意思是:如果 2 大于 1,则返回 2;否则返回 1。同理,"a＞b? a：b"的意思是:如果 a 大于 b,则返回 a;否则返回 b。

1.2.3　语句

除了给变量赋值语句外,JavaScript 还有多种语句,为了简化编程,本书介绍的低代码编程只用到两种语句,一种是条件语句,另一种是循环语句。条件语句中,这里只介绍最常用的 if else 语句;循环语句中,这里也只介绍最常用的 for 语句。例如下面的条件语句代码:

```
if(1+1==2){var a=2;a++;}else{var b=3;b--;}
```

这条语句的意思是:如果 1+1 等于 2,则定义一个变量 a,让它等于 2,然后 a 加 1;否则定义变量 b,让 b 等于 3,然后 b 减 1。这条语句的代码执行结果显然是 a 等于 3。

可以看出,其规律是:if 后面要跟小括号,小括号里面是一个逻辑判断语句,即数字比大小,除了数字可以比大小外,字符串变量也可以用等号来比较是否相等,若相等则返回 true,否则返回 false。

if 和 else 的执行语句若是超过一句,则需要用左右大括号包裹起来,左右大括号必须要成对出现。

for 循环语句可以这样写:

```
var a=0;for(var i=0;i<100;i++)a+=1;
```

这条语句的意思是:定义变量 a,让其等于 0,然后循环执行 100 次,每次都将 a 加 1,这条语句执行的结果显然是 a 变成了 100。

for 语句后面同样跟一个小括号,小括号里面需要有一个变量 i 来控制循环次数,后面的执行语句若是超过一句,也需要用大括号包裹起来,因为上面的例子中没有超过一句,所以就没有使用。

1.2.4　方法

定义 JavaScript 方法的关键字是 function,不需要声明返回类型,这个定义方法的语法与 Java 和 C 语言都不同,相同的是,方法的代码也要用大括号包裹起来。例如,定义一个

hello 方法,就可以写作:

```
function hello(){alert('世界,你好!');}
hello();
```

代码共有两行,第 1 行是定义方法 hello(),hello()方法的功能是:显示一个提示框,提示框上输出"世界,你好!"字样。

第 2 行是调用 hello()方法,调用语句的语法是在方法名称后面紧跟小括号,小括号里面可以写参数,就像在 alert()里面写了一个字符串作为参数。

这是第一次调试,详细步骤如下。

(1)打开 Chrome 浏览器,输入网址 http://www.chofo.com/demo/pc.htm,如果网站已经打开,则要刷新网页,清空之前的执行记录。

(2)按照 1.1.3 小节介绍的方法打开"开发者工具",屏幕是宽屏,工具窗口通常显示在右侧,后面为了减少缩放及截屏更清晰,也会调整到下面。

(3)复制代码,并粘贴到 Console 控制台中。

(4)按 Enter 键查看代码执行结果。

如果代码成功执行,执行结果如图 1-2 所示。

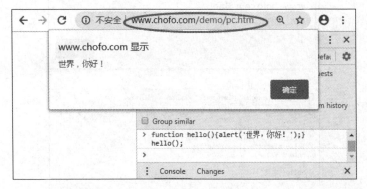

图 1-2　在 Console 控制台中弹出 hello 对话框

alert()是 JavaScript 的内部方法,它可以接受字符串作为参数。我们自定义的方法也可以带参数,这样就可以向方法传值,可以定义一个参数,也可以定义多个参数,多个参数之间由逗号(,)分隔。例如,我们可以改造 hello()方法为多语言的:

```
function hello(lg){if(lg=='中文')alert('世界,你好!');else alert('hello,
world!');}
```

这个 hello()方法的功能是:如果传的字符串是"中文",则弹出对话框输出的是中文"世界,你好!",否则输出英文"hello,world!"。

每个方法都可以定义返回值,因为 JavaScript 是弱类型的,所以不需要像 Java 或者 C 那样声明返回的类型,只需要像 Java 或者 C 那样使用 return 语句返回即可。在使用 return 语句时,方法就会停止执行,并返回指定的值。例如:

代码 1-2　定义 hello()方法。

```
1    function hello(lg){
```

```
2        if(lg=="中文"){alert("世界,你好!");return true;
3        }else alert("hello,world!");
4        return false;
5    }
6    hello("中文");
```

上面代码的主要功能是定义 hello 方法并接受参数 lg,当 lg 为"中文"时,返回 true 类型,其他一律返回 false 类型。代码详细介绍如下。

第 1 行定义了 hello()方法,hello()方法有一个参数 lg。

第 2 行用 if 语句判断 lg 是否等于"中文",这里注意 if 后面的语句是用大括号包裹的,所有大括号中的语句都要符合 if 中的判断才可以执行。

第 3 行是 else 语句,else 后面可以跟大括号,也可以不跟,不跟的时候只执行一条语句。

第 4 行是返回语句。

第 6 行调用 hello()方法。

按照前面说的 4 个步骤将代码复制并粘贴到 Console 控制台中,代码执行结果如图 1-3 所示。

图 1-3 在 Console 控制台中执行带参数的 hello()方法

从图 1-3 中可以看出,调用 hello()方法以后,alert()方法显示出了提示框,说明执行了 if 语句,单击提示框中的"确定"按钮,Console 控制台输出了 true,说明执行了 return 语句。所有的代码执行结果均符合预期。

1.2.5 思考题 1-1：输出多语言的 Hello world

这一小节我们写一个方法,用来输出多语言的 Hello world,同时学习 JavaScript 非常重要的方法 eval()。eval()的作用是将一个字符串转换为可执行的 JavaScript 变量或者语句。

代码 1-3 输出多语言 Hello world 源代码。

```
1    function hello(lg){
2        var a0="世界,你好!",a1="世界、こんにちは!",a2="Hello,world!";
3        for(var i=0;i<3;i++){
```

```
4              console.log(eval('a'+i));
5              if(lg==i)return eval('a'+i);
6         }
7    }
8    hello(2);
```

从上面代码可以看出,代码中 hello()方法的功能是:接受 lg 参数,并根据传递的参数动态输出并返回不同的问候语。方法的实现过程如下。

第 1 行定义了 hello()方法,hello 方法有一个参数 lg。

第 2 行定义了 3 个字符串变量,变量的值是中、日、英三种语言的问候语。

第 3 行开始进行 for 循环判断。

第 4 行使用 eval()方法。eval()方法是 Java 语言和 C 语言中没有的方法,在上面的代码中,eval('a'+i)的意思是:字符 a 加上数字 i 构成了一个新的字符串,经过 eval()转换后,当 i 等于 0 时就变成了变量 a0;当 i 等于 1 时就变成了变量 a1;当 i 等于 2 时就变成了变量 a2。转换完毕向 Console 控制台输出 eval 解释的结果,看看是否跟第 2 行定义的一致。

第 5 行对参数 lg 和循环 i 进行比较,如果相同,则用 return 返回问候语。

第 8 行是调用 hello()方法,参数为 2,即返回 a2 变量的值,也就是英文问候语。

将代码复制并粘贴到 Console 控制台中,结果如图 1-3 所示,为了节省篇幅,截屏时只截取了代码部分,如图 1-4 所示。

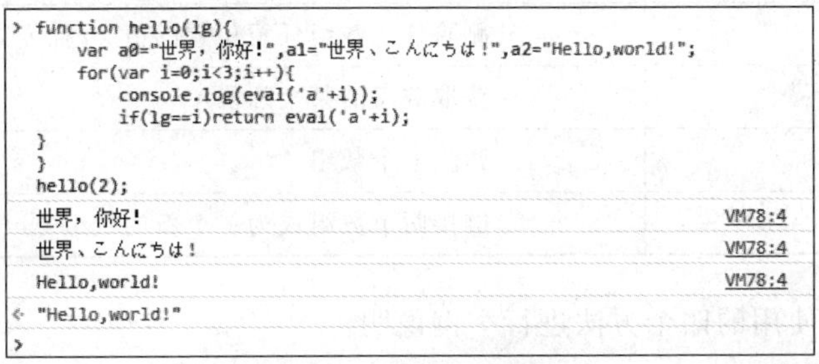

```
> function hello(lg){
      var a0="世界，你好!",a1="世界、こんにちは!",a2="Hello,world!";
      for(var i=0;i<3;i++){
          console.log(eval('a'+i));
          if(lg==i)return eval('a'+i);
      }
  }
  hello(2);
  世界，你好!                                              VM78:4
  世界、こんにちは!                                        VM78:4
  Hello,world!                                            VM78:4
< "Hello,world!"
>
```

图 1-4　在 Console 控制台中执行带参数含 for 循环的 hello()方法

从图 1-4 中可以看出,调用 hello(2)后的返回值是"Hello,world!",即表示该方法的代码执行结果均符合预期。

1.3　数　　组

数组是一种采用下标的方式组织和索引数据的数据结构。使用数组组织数据的优点是速度快、代码少,方便机器阅读。

1.3.1　定义数组

JavaScript 用多种方式定义数组。

(1)使用 Array:"var a=new Array();"。

(2)使用中括号:"var a=[];"。

建议采用第二种,原因就是代码量少。定义数组时既可以初始化长度,也可以进行初始赋值。

```
var a= ["序列","用户名","性别","电话","地址"];
```

采用 length 属性获得数组长度,如 a.length 是获得数组元素的值。使用中括号加下标,如 a[0]是获得数组 a 的第 0 个元素,数组的下标从 0 开始,这一点与 Java 一样。

1.3.2 数组常见操作方法

JavaScript 数组操作方法非常丰富,基本满足了日常的操作需求,如表 1-1 所示。

表 1-1 数组的操作方法

名　　称	解　　释
join	将数组连接成一个字符串
sort	对数组进行排序
push	在数组末尾增加一个值
pop	删除数组末尾的值
unshift	在数组开头增加一个值
shift	删除数组开头的第一个值
splice	删除任意数组任意位置的值,并插入某个新值
slice	获取数组的某个片段
delete	删除整个数组
concat	链接两个数组成为一个新的数组

这里挑选最常使用的四个方法进行举例说明。

(1) join 使用举例

```
var a= ["序列","用户名","性别","电话","地址"];
console.log(a.join());
```

将代码复制并粘贴到 Console 控制台中,代码执行结果如图 1-5 所示。

图 1-5 数组用 join()方法连接后输出结果

(2) sort 使用举例

```
var a= ["序列","用户名","性别","电话","地址"];
a.sort();
console.log(a.join());
```

将代码复制并粘贴到 Console 控制台中,代码执行结果如图 1-6 所示。

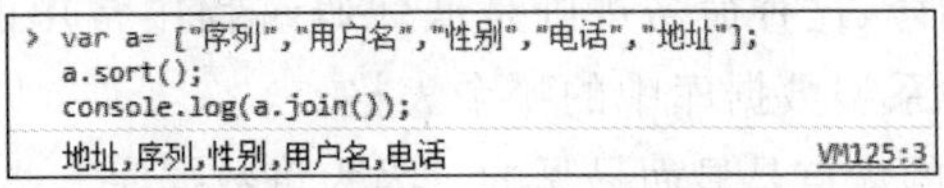

```
> var a= ["序列","用户名","性别","电话","地址"];
  a.sort();
  console.log(a.join());
  地址,序列,性别,用户名,电话                              VM125:3
```

图 1-6　数组用 sort()方法排序后输出结果

（3）push 使用举例

```
var a= ["序列","用户名","性别","电话","地址"];
a.push("民族");
console.log(a.join());
```

Console 控制台中代码执行结果如图 1-7 所示。

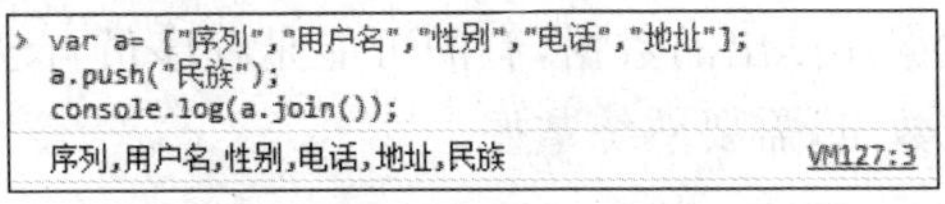

```
> var a= ["序列","用户名","性别","电话","地址"];
  a.push("民族");
  console.log(a.join());
  序列,用户名,性别,电话,地址,民族                          VM127:3
```

图 1-7　数组用 push()方法追加一列后输出结果

（4）slice 使用举例

```
var a= ["序列","用户名","性别","电话","地址"];
var b=a.slice(1,3);
console.log(b.join());
```

代码执行结果如图 1-8 所示。

```
> var a= ["序列","用户名","性别","电话","地址"];
  var b=a.slice(1,3);
  console.log(b.join());
  用户名,性别                                          VM129:3
```

图 1-8　数组用 slice()方法截取两列后输出结果

可以自行执行以上代码,看一下反馈的结果,结合表 1-1 中的说明,即可明白各个方法的用处。

1.3.3　二维数组映射数据表

一行多列的数组叫作一维数组,多行多列的数组叫作二维数组。只需嵌套中括号即可定义二维数组:

```
var arr=[[],[]];
```

使用二维数组可以非常方便地将一个关系数据库的表或视图映射到客户端浏览器内存中,比如要存储一个用户列表时,可以用代码 1-4。

代码 1-4　定义二维数组映射用户表数据。

```
var t_user_grid=[["序列","用户名","性别","电话","地址"],
["1","张三","男","1366666666","北京市海淀区万寿路"],
["2","李四","男","1588888888","北京市朝阳区 CBD"]];
```

在上面的代码中,将二维码数组的变量名称定义为以 t_开头、以_grid 结尾,两个下画

9

线中间的是用户的英文翻译,这种命名规则是低代码编程中常用的二维数组命名规则。主要是为了说明映射的是关系型数据库中的哪个表格。

二维数组映射数据表的优点是显而易见的。因为将数据库表格中长期不变的数据或者较少更新的数据一次性地从数据库中查出,传输到前端并存储在 JavaScript 数组中,可以大大减少前后端的握手次数,提高程序运行速度。二维数组此时就相当于前端的内存数据库表格。

二维数组用下标来定位数据,行列也都是从 0 开始计数,比如第 0 行第 0 列的值 users[0][0] 等于"1",第 2 行第 4 列的值 users[2][4] 等于"北京市朝阳区 CBD"。

后面章节即将讲解的周服的低代码构件就巧妙地使用了内存数据库技术,所以其构件和组件的两种数据会频繁地用到二维数组,一种是从数据库里面读出的数据,会被 Java 构件以 JavaScript 二维数组的形式输出到前端;另一种是构件的参数,有的是二维数组,这个二维数组内容有的是从数据库读出的数据,有的可能是程序员自己定义的。

后面会大量用到二维数组,需要熟练掌握。

1.3.4 思考题 1-2:根据姓名查找同学录中的同学信息

这一小节我们来做一个思考题,即根据姓名查找同学录中的同学信息。

代码 1-5 根据姓名查找同学录中的同学信息。

```
1    var t_student_grid=[["序列","姓名","性别","年龄","籍贯","手机号","班级"],
2        ["1","张三","男","20","北京","1366666666","1 班"],
3        ["2","李四","男","20","上海","1588888888","1 班"],
4        ["3","王花","女","19","北京","13611111111","1 班"],
5        ["4","赵月","女","19","上海","15811111111","1 班"],
6    ];
7    function info(name){
8        for(var i=0;i<t_student_grid.length;i++){
9            console.log("循环"+i+"="+t_student_grid[i].join(","));
10           if(name==t_student_grid[i][1])return t_student_grid[i].join(",");
11       }
12   }
13   info("赵月");
```

上面代码的主要功能是:先定义一个二维数组来保存所有学生信息,然后定义一个方法,方法的主要功能是对二维数组进行 for 循环遍历,一旦匹配到了正确的学生信息,就返回。代码的详细说明如下。

第 1 行定义了 t_student_grid 二维数组,以 _grid 结尾表示该数组是映射数据库中的 t_student 表格,二维数组的第一行是表头。

第 2~6 行都是数组的内容,这些内容通常都是从数据库中读出来的。

第 7 行定义了 info() 方法,info() 方法有一个参数 name。

第 8 行使用 for 循环语句对 t_student_grid 进行遍历。

第 9 行向控制台输出二维数组的每一行内容,使用了 join() 方法。

第 10 行用 if 语句判断数组的第 1 列,即姓名是否和参数 name 相同,若相同则终止循环,返回该学生信息。

第 13 行调用 info()方法。

将代码复制并粘贴到 Console 控制台中,代码执行结果如图 1-9 所示。

```
> var t_student_grid=[["序列","姓名","性别","年龄","籍贯","手机号","班级"],
      ["1","张三","男","20","北京","1366666666","1班"],
      ["2","李四","男","20","上海","1588888888","1班"],
      ["3","王花","女","19","北京","1361111111","1班"],
      ["4","赵月","女","19","上海","1581111111","1班"],
  ];
  function info(name){
      for(var i=0;i<t_student_grid.length;i++){
          console.log("循环"+i+"="+t_student_grid[i].join(","));
          if(name==t_student_grid[i][1])return
  t_student_grid[i].join(",");
      }
  }
  info("赵月");
  循环0=序列,姓名,性别,年龄,籍贯,手机号,班级          VM120:9
  循环1=1,张三,男,20,北京,1366666666,1班             VM120:9
  循环2=2,李四,男,20,上海,1588888888,1班             VM120:9
  循环3=3,王花,女,19,北京,1361111111,1班             VM120:9
  循环4=4,赵月,女,19,上海,1581111111,1班             VM120:9
< "4,赵月,女,19,上海,1581111111,1班"
>
```

图 1-9 按照姓名查找学生后并返回学生信息

从图 1-9 中可以看出,Console 控制台循环输出了数组每一行内容,最后查找到了正确的内容,程序的代码执行结果符合预期。

1.4 枚 举

枚举是一种使用名称进行索引的数据结构。相对于使用数组,使用枚举组织数据更方便程序员阅读,而且 JavaScript 的枚举支持用中文等字符来做标识,这就为实现中文编程创造了一条捷径。

1.4.1 定义枚举

JavaScript 定义枚举的最简单代码是用大括号,如"var e={};",大括号里面的内容可以形如"var e={id: 1,名称: "张三"};"。每个枚举属性由名称和值组成,左侧是名称,右侧是值,中间是半角冒号。名称既可以是英文,也可以是中文,或者是其他语言,这与变量的要求不同。值既可以是数字,也可以是字符串、数组,甚至是一个方法,多个枚举属性用半角逗号隔开。

从枚举的名称索引这个特点来看,如果用枚举来映射关系数据库表中的内容,会产生大量的冗余,因此枚举一般不用来存储类似关系型表格数据,可以存放 NoSQL 这样的键值数据。在后面章节即将讲述的组件方法,都需要传递一个 P 参数,这个参数就是一个枚举。如下面代码所示。

```
var P={边框:0,代号:"list2",列数:6,分类:19,分类宽:120,行高:280,事件:"click",内容位
置:"left",阴影:1,圆角:10};
```

枚举作为对象是唯一的,不能被实例化,也不能被克隆。因为页面加载时会重新载入,所以可以说是一种页面单例模式。

11

1.4.2　枚举取值与赋值

如果要调用枚举中的值,有两种方法:一种是用面向对象的方法,将枚举作为一个类来调用;另一种是将枚举作为一个数组来调用,如调用枚举 P 中的代号,既可以使用"P.代号",也可以使用"P["代号"]"。

第一种方法代码量少,阅读体验较好;第二种方法动态性较强,不需要用 eval()方法即可动态获得键值。

枚举的赋值方法跟变量赋值一样,只需要使用"＝"即可,跟取值一样,也有两种方法:既可以使用"P.代号＝1;",也可以使用"P["代号"]＝1;"。

枚举没有像数组一样的 length()方法,不能获得枚举的长度等信息。

1.4.3　思考题 1-3:枚举实现中文编程

我们常说,中文是世界上最简洁的语言。联合国大会中使用不同语言写的报告都是用 A4 纸打印的,其中中文报告最薄。而简化编程和精简代码一直是软件工程的刚需,那为什么我们不用中文编程实现简化编程和低代码编程呢?

用中文编程的想法可能在我国许多程序员头脑中都闪现过,而且确实有企业去付诸实施,然而使用他们的平台写出来的代码是这样的:

```
类 公司{
    整数变量 整数 1=0;
    函数 添加员工(){
    }
}
```

用这种方式编程首先需要特定的编译软件,当然,如果特定的编译能够节省代码和加速开发,大家也可以接受。但恰恰相反,这种所谓的中文编程不仅不能节省代码,还增加了打字的难度,而且当代码量多了以后,阅读体验极差,所以成熟的程序员都不会采用这种所谓的中文编程。

虽然我们反对某些不切实际的中文编程,但是对中文编程的探索从来就没有停止过。

从 1.4.1 小节的例子可以看出,因为枚举支持用中文给键值命名,所以可以实现中文编程。

对于前面的例子,使用枚举重新定义变量名称,便可以实现中文编程,让代码变得更加通俗易懂,如代码 1-6 所示。

代码 1-6　用中文命名变量。

```
1   var $={};
2   $.学生={第一行:["序列","姓名","性别","年龄","籍贯","手机号","班级"]};
3   var t_student_grid=[$.学生.第一行,
4       ["1","张三","男","20","北京","1366666666","1 班"],
5       ["2","李四","男","20","上海","1588888888","1 班"],
6       ["3","王花","女","19","北京","13611111111","1 班"],
7       ["4","赵月","女","19","上海","15811111111","1 班"],
```

```
8      ];
9      $.信息=function(name){
10         for(var i=0;i<t_student_grid.length;i++){
11             console.log("循环"+i+"="+t_student_grid[i].join(","));
12             if(name==t_student_grid[i][1])return t_student_grid[i].join(",");
13         }
14     };
15     $.信息("赵月");
```

上面代码功能与代码 1-5 无异,只是在细节上有一些区别,区别如下。

第 1 行定义了美元枚举变量。

第 2 行定义了一个中文枚举变量"$.学生",这个变量又定义了一个属性"第一行","第一行"是一个一维数组,定义了二维数组的表头。

第 3 行定义了变量 t_student_grid 二维数组,二维数组的第 1 行直接调用了第 2 行定义的变量。

第 9 行用中文定义了一个方法"信息"。

第 15 行调用了中文方法"信息"。

将代码复制并粘贴到 Console 控制台中,代码执行结果如图 1-10 所示。

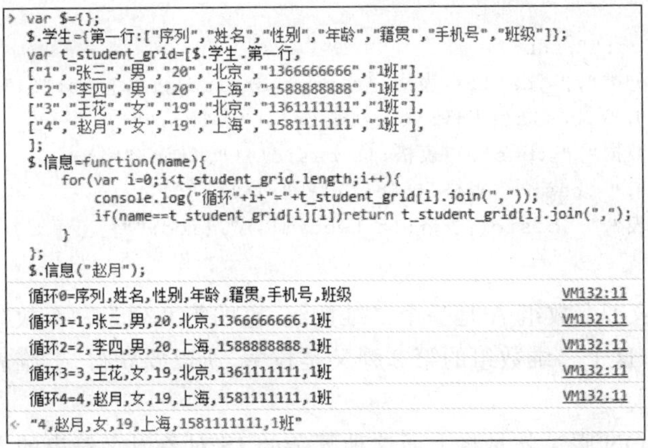

图 1-10　用中文命名方法后查找同学信息并输出结果

从图 1-10 中可以看出,中文定义的变量和方法被浏览器成功解析,输出结果符合预期。这就说明,采用枚举实现中文编程解决了四大问题。

(1)不需要特定的编译软件。支持 JavaScript 的浏览器均可编译。

(2)对规范化命名有帮助,确实能够简化开发,因为命名时不需要用翻译软件。

(3)确实能够节省代码和注释。因为使用了中文,代码变得简洁易懂,甚至没有注释也能够进行阅读。

(4)所有浏览器都支持 JavaScript 的枚举,不会因为使用了中文,导致软件或者网站运行时出现各种不兼容的问题。

有的人可能对此有异议,只用中文命名是不是不够? 还有很多其他代码需要用英文书写。这是因为封装得不够,在后面的章节中,大家就会看到,当把需要用的功能封装到构件和组件中以后,对组件采用中文命名,对参数采用中文赋值,就能将很多英文代码删除了。

1.5 JSON 数据交换

JSON(JavaScript object notation)是一种轻量级的数据交换格式。所谓轻量,是指它的语法非常简单,使用的标签非常少,不像 XML 需要定义大量的标签。

1.5.1 JSON 的基本概念

数组和枚举混合,让枚举可以作为数组的元素,数组可以作为枚举的属性,就形成了复杂的 JS 对象,如代码 1-7 就是一种用大括号和中括号交叉分割的复杂数据格式。

代码 1-7 数组和枚举混合的代码。

```
var A=[["项目",{ico:"",sub:[
        ["公司","_.basic({表格:'t_company',权限:'1'})",{ico:""}],
        ["部门","_.basic({表格:'t_dept'})",{ico:""}],
        ["员工","_.basic({表格:'t_staff'})",{ico:""}],
        ["项目","_.basic({表格:'t_item'})",{ico:""}]
    ]}],
    ["需求",{ico:"",sub:[
        ["需求分类","_.basic({表格:'t_requestkind'})",{ico:""}],
        ["模块","_.basic({表格:'t_webware'})",{ico:""}],
        ["基础数据","_.basic({表格:'t_basic'})",{ico:""}],
        ["单据","_.basic({表格:'t_bill'})",{ico:""}],
        ["二维表","_.basic({表格:'t_twodim'})",{ico:""}]
    ]}]];
```

上面代码的含义是:数组 A 是一个二维数组,它的第 2 列是一个枚举,枚举的 sub 属性也是一个二维数组,这个二维数组的第 2 列又是枚举,所以要获得"二维表"这个值需要使用 A[1][1].sub[4][0]。

那么什么是 JSON 呢? 就是将上面这种复杂的 JS 对象以字符串的方式存储。

1.5.2 JSON 常见操作

要实现从 JSON 字符串转换为 JS 对象,使用 JSON.parse()方法:

```
var obj = JSON.parse('{"a": "Hello", "b": "World"}');
                                        //结果是 {a: 'Hello', b: 'World'}
```

要实现从 JS 对象转换为 JSON 字符串,使用 JSON.stringify()方法:

```
var json = JSON.stringify({a: 'Hello', b: 'World'});
                                        //结果是'{"a": "Hello", "b": "W
```

1.5.3 思考题 1-4:用 JSON 克隆一个枚举

因为数组是用下标赋值,枚举用键值赋值,在浏览器解析的时候都类似 C 语言的指针,

14

如果定义了"var a＝[]；var b＝a；"，则 b 做任何赋值，如"b[0]＝1；"都会影响到 a，即 a[0] 也变成了 1。怎样才能让 b 拥有 a 的所有属性，但是修改 a 又不影响 b 呢？此时就需要用到克隆。

克隆一个数组非常简单，只需要采用 slice() 方法即可，例如：

```
var a= ["序列","用户名","性别","电话","地址"];
var b=a.slice(0);
```

则浏览器就会在内存中给 b 重新划出一块空间，b 就是 a 的克隆，修改 b 的元素，对 a 就没有影响。

但是枚举没有 slice() 方法，要克隆枚举，就需要使用 JSON。例如：

```
var P={边框:0,代号:"list2",列数:6,分类:19,分类宽:120,行高:280,
    事件:"click",内容位置:"left",阴影:1,圆角:10};
var P1 =JSON.parse( JSON.stringify(P));
```

这段代码就成功地将 P 克隆到了 P1，P1 的键值属性和 P 完全相同，对 P1 中的任何属性赋值都不影响 P。

1.6　面向对象与类

JavaScript 是一种面向对象的语言，但是没有 Java 严谨，所以有些用 Java 实现的设计模式，JavaScript 不容易实现。

1.6.1　面向对象的基本概念

面向对象(object-oriented)是一种软件开发方法：一种编程范式。对象的含义是指一个具体的事物，即在现实生活中能够看得见、摸得着的事物。

面向对象思想诞生于 1960 年，Simula 67 语言是第一种面向对象的编程语言，它率先使用了封装等概念来管理代码，因为面向对象编程软件质量更高，所以逐渐风靡，陆续出现了 smallTalk、C++ 、Java 等多种面向对象编程语言。

在面向对象程序设计中，对象包含两个含义，一个是数据，另一个是动作。对象是数据和动作的结合体。对象不仅能够进行操作，同时还能够及时记录下操作结果。

简单来说，面向对象就像分类归纳，比如书是放在书架上的，"书架.书"就是面向对象的；每个人都有姓名，"人.姓名"就是面向对象的。

很明显，面向对象让重名的事物容易区分了，"大书架.《拙作》"和"小书架.《拙作》"虽然书名相同，但显然不是一本书。

所以面向对象的核心是类。

类里面可以定义属性和方法，如字符串类有 length 属性，也有截取子字符串的 substr (begin,end) 和判断是否包含子串的 indexOf(substr) 方法。

1.6.2　JavaScript 定义类

JavaScript 定义类的关键字也是 function 关键字，所以对前面代码中的方法稍加改造，即可成为一个类。例如,根据姓名查找同学的方法即可改造如下。

代码 1-8 建立查找类。

```
1   var $={};
2   $.学生={第一行:["序列","姓名","性别","年龄","籍贯","手机号","班级"]};
3   var t_student_grid=[$.学生.第一行,
4       ["1","张三","男","20","北京","1366666666","1班"],
5       ["2","李四","男","20","上海","1588888888","1班"],
6       ["3","王花","女","19","北京","1361111111","1班"],
7       ["4","赵月","女","19","上海","1581111111","1班"],
8   ];
9   $.信息=function(){
10      function find(name){
11          for(var i=0;i<t_student_grid.length;i++){
12              console.log("循环"+i+"="+t_student_grid[i].join(","));
13              if(name==t_student_grid[i][1])return t_student_grid[i].join(",");
14          }
15      }
16      this.find=find;
17  };
```

上面的代码相对于代码 1-6 改造了两处地方。

第 1 处改造是在第 10 行增加了一个内部方法 find(),也就是说 function 有了嵌套,这样最外面的 function 就成了类,里面的仍然是方法。

第 2 处修改是在第 16 行增加了语句"this.find=find;"这条语句的意思是：允许 find()方法从外部被调用。1.6.3 小节将会讲到具体如何被调用。

1.6.3 类的实例化与方法调用

一个类中可以嵌套定义很多方法和属性,但不是每一个都允许被外部调用,不能被外部调用的称为私有化方法或属性,可以被外部调用的称为公有化方法或属性。

实例化就像克隆,每一个实例中的属性和方法都是不同的,实例化关键字是 new,例如：

$.同学录 1=new $.信息();
$.同学录 2=new $.信息();

上面两条语句就实例化了两个同学录。调用同学录中的 find()方法如下：

$.同学录 1.find("李四");
$.同学录 2.find("赵月");

将代码复制并粘贴到 Console 控制台中,代码执行结果如图 1-11 所示。

从图 1-11 中可以看出,两次调用"信息"类的 find()方法都被成功调用,并返回了查找结果,代码执行结果符合预期。

1.6.4 思考题 1-5：对同学录进行增删改查

前面我们已经实现了对同学录的查询,本小节我们来实现对同学录的增删改查。

```
> var $={};
  $.同学录=[["序列","姓名","性别","年龄","籍贯","手机号","班
级"],
  ["1","张三","男","20","北京","1366666666","1班"],
  ["2","李四","男","20","上海","1588888888","1班"],
  ["3","王花","女","19","北京","1361111111","1班"],
  ["4","赵月","女","19","上海","1581111111","1班"],
  ];
  $.信息=function(){
      function find(name){
          for(var i=0;i<$.同学录.length;i++){
              console.log("循环"+i+"="+$.同学录
[i].join(","));
              if(name==$.同学录[i][1])return $.同学录
[i].join(",");
          }
  }
  this.find=find;
  };
  $.同学录1=new $.信息();
  $.同学录2=new $.信息();
  $.同学录1.find("李四");
  $.同学录2.find("赵月");
  循环0=序列,姓名,性别,年龄,籍贯,手机号,班级        VM139:11
  循环1=1,张三,男,20,北京,1366666666,1班            VM139:11
  循环2=2,李四,男,20,上海,1588888888,1班            VM139:11
  循环0=序列,姓名,性别,年龄,籍贯,手机号,班级        VM139:11
  循环1=1,张三,男,20,北京,1366666666,1班            VM139:11
  循环2=2,李四,男,20,上海,1588888888,1班            VM139:11
  循环3=3,王花,女,19,北京,1361111111,1班            VM139:11
  循环4=4,赵月,女,19,上海,1581111111,1班            VM139:11
< "4,赵月,女,19,上海,1581111111,1班"
```

图 1-11 使用类的实例中的方法查找学生信息

代码 1-9 对同学录进行增删改查。

```
1    var $={};
2    $.学生={第 1 行:["序列","姓名","性别","年龄","籍贯","手机号","班级"]};
3    var t_student_grid=[$.学生.第 1 行,
4        ["1","张三","男","20","北京","1366666666","1 班"],
5        ["2","李四","男","20","上海","1588888888","1 班"],
6        ["3","王花","女","19","北京","13611111111","1 班"],
7        ["4","赵月","女","19","上海","15811111111","1 班"],
8    ];
9    $.信息=function(){
10       function add(arr){
11           for(var i=0;i< t_student_grid.length;i++){
12               //console.log( t_student_grid[i].join(","));
13               if(arr[1]== t_student_grid[i][1])return arr[1]+"已存在";
14           }
15           t_student_grid.push(arr);
16       }
17       function modify(name,col,value){
18           for(var i=0;i< t_student_grid.length;i++){
19               //console.log( t_student_grid[i].join(","));
20               if(name== t_student_grid[i][1]) t_student_grid[i][col]=value;
21           }
22       }
23       function del(name){
24           for(var i=0;i< t_student_grid.length;i++){
```

```
25              //console.log( t_student_grid[i].join(","));
26              if(name== t_student_grid[i][1]) t_student_grid.splice(i,1);
27          }
28      }
29      function find(name){
30          for(var i=0;i< t_student_grid.length;i++){
31              //console.log( t_student_grid[i].join(","));
32              if(name== t_student_grid[i][1]) return  t_student_grid[i].join(",");
33          }
34      }
35      this.add=add;
36      this.modify=modify;
37      this.del=del;/* delete 是 JavaScript 的关键字,自定义方法不能叫作 delete */
38      this.find=find;
39  };
```

上面的代码较长,功能也较完整,简单说明如下。

第 10 行定义了 add()方法。

第 13 行的 if 语句的含义是:在向数组添加内容之前,先判断是否已经存在,如果已存在则不添加,不存在时才添加。

第 17 行定义了 modify()方法。

第 20 行设计了修改策略,根据姓名修改某一列。

第 23 行定义了 del()方法。

第 26 行的删除策略也是根据姓名删除一整行。

下面我们编写一个测试用例,来测试一下上面的代码。

代码 1-10 同学录的测试用例。

```
$.同学录 1=new $.信息();
$.同学录 1.add(["1","张三","男","20","北京","1366666666","1班"]);
console.log(t_student_grid.join(";"));
$.同学录 1.add(["5","张三三","男","20","北京","1366666666","1班"]);
console.log(t_student_grid.join(";"));
$.同学录 1.modify("赵月",5,"188888888");
console.log(t_student_grid.join(";"));
$.同学录 1.del("张三");
console.log(t_student_grid.join(";"));
```

测试用例是常用的计算机术语,意思是测试用的例子,用例既可以是一组测试数据、一个测试流程,也可以是一段程序代码。

把代码 1-9 和代码 1-10 分两次复制并粘贴到 Console 控制台中,然后按 Enter 键,复制并粘贴步骤如下。

(1) 先把代码 1-9 复制并粘贴到 Console 控制台中,注意此时不要按 Enter 键。

(2) 将代码 1-10 复制并粘贴到 Console 控制台中,按 Enter 键,代码执行结果如图 1-12 所示。

```
$.信息=function(){
    function add(arr){
        for(var i=0;i< t_student_grid.length;i++){
            //console.log( t_student_grid[i].join(","));
            if(arr[1]== t_student_grid[i][1])return arr[1]+"已存在";
        }
        t_student_grid.push(arr);
    }
    function modify(name,col,value){
        for(var i=0;i< t_student_grid.length;i++){
            //console.log( t_student_grid[i].join(","));
            if(name== t_student_grid[i][1]) t_student_grid[i][col]=value;
        }
    }
    function del(name){
        for(var i=0;i< t_student_grid.length;i++){
            //console.log( t_student_grid[i].join(","));
            if(name== t_student_grid[i][1]) t_student_grid.splice(i,1);
        }
    }
    function find(name){
        for(var i=0;i< t_student_grid.length;i++){
            //console.log( t_student_grid[i].join(","));
            if(name== t_student_grid[i][1])return
t_student_grid[i].join(",");
        }
    }
    this.add=add;
    this.modify=modify;
    this.del=del;/*delete是JavaScript的关键字,自定义方法不能叫作delete*/
    this.find=find;
};
$.同学录1=new $.信息();
$.同学录1.add(["1","张三","男","20","北京","1366666666","1班"]);
console.log(t_student_grid.join(";"));
$.同学录1.add(["5","张三三","男","20","北京","1366666666","1班"]);
console.log(t_student_grid.join(";"));
$.同学录1.modify("赵月",5,"188888888");
console.log(t_student_grid.join(";"));
$.同学录1.del("张三");
console.log(t_student_grid.join(";"));
```

序列,姓名,性别,年龄,籍贯,手机号,班级;1,张三,男,20,北京,1366666666,1　　VM21:42
班;2,李四,男,20,上海,1588888888,1班;3,王花,女,19,北京,1361111111,1班;4,赵月,
女,19,上海,1581111111,1班

序列,姓名,性别,年龄,籍贯,手机号,班级;1,张三,男,20,北京,1366666666,1　　VM21:44
班;2,李四,男,20,上海,1588888888,1班;3,王花,女,19,北京,1361111111,1班;4,赵月,
女,19,上海,1581111111,1班;5,张三三,男,20,北京,1366666666,1班

序列,姓名,性别,年龄,籍贯,手机号,班级;1,张三,男,20,北京,1366666666,1　　VM21:46
班;2,李四,男,20,上海,1588888888,1班;3,王花,女,19,北京,1361111111,1班;4,赵月,
女,19,上海,188888888,1班;5,张三三,男,20,北京,1366666666,1班

序列,姓名,性别,年龄,籍贯,手机号,班级;2,李四,男,20,上海,1588888888,1　　VM21:48
班;3,王花,女,19,北京,1361111111,1班;4,赵月,女,19,上海,188888888,1班;5,张三三,
男,20,北京,1366666666,1班

图 1-12　对同学录进行增删改后并输出结果

从图 1-12 可以看出,t_student_grid 先是增加了一行,然后被修改了一行,最后删除了一行,代码执行结果符合预期。

1.7　HTML 展示数据

HTML 是超文本语言,所谓超文本,就是可以用图像化、格式化的方式展示数据,而不局限于文本文字描述。

1.7.1　HTML 的基本概念

HTML 是由万维网的发明者 Tim Berners-Lee 和同事 Daniel W. Connolly 于 1990 年发明的一种标记语言,发明时间早于 JavaScript。

所谓标记语言,是指 HTML 有很多标签,这些标签具有不同含义,浏览器读到这些标签以后,就根据标签指引在屏幕上绘制不同的样式。

HTML 是静态语言,推出后一直没有很大变化,JavaScript 发展抢了 HTML 的风头,直到 2014 年 10 月 28 日,HTML 5 作为稳定 W3C 推荐标准被发布,才使得 HTML 重回互联网舞台中央。

本书后面章节介绍的构件封装了很多 HTML 5 功能,如动画效果、视频,以及浏览器缓存等。

1.7.2　HTML 主要元素标签列表

HTML 标签有数百个,常用的有几十个,不同的标签功能不同。比如,HTML 的 table 标签可以将数据以表格形式展示;image 标签可以显示一张图片;而 div 标签则可以对整个页面进行布局。表 1-2 是常用的 HTML 标签。

表 1-2　常用的 HTML 标签

名　称	解　释
table	表格标签
tbody	表格主体标签,对 tbody 定义样式,可以对其包含的 td 发生作用
tr	表格行标签
td	表格单元格标签
div	数据块标签,可以自定义高度和宽度
span	小数据块标签,不可以自定义高度和宽度
form	表单
input	输入框,只能输入一行
textarea	文本域,可以输入多行
select	选择框
radio	单选框
checkbox	多选框
image	图片标签
file	文件标签

在 HTML 使用标签的时候,如果标签的内容有换行,则通常需要结束标志,结束标志通常比开始标志多一个反斜线"/"。例如:

```
<table></table><div></div><select></select><textarea></textarea>
```

标签内容没有换行的,则通常没有结束标签,只需要用 value、src 等标识即可,例如:

```
<intput value=><radiao value=><img src=><file src=>
```

1.7.3　JavaScript 输出和读取 HTML 内容

HTML 内容可以直接写在 body 标签里面,也可以用 JS 向屏幕输出 HTML 内容。输出一般有两种方法：一种是使用 document.write( )方法在当前位置输出 HTML 内容，例如：

```
document.write("<div></div>");
```

另一种是向 div、span 等标签内动态写入内容，这时候就需要通过标签的 id 先调用标签，然后写入内容。虽然每一个 HTML 元素功能都不尽相同，样式也千差万别，但都可以用 id 来唯一标识，这样 JavaScript 就可以通过这个 id 获取元素的信息。例如：

```
<div id=hello>世界你好</div>
<script>alert(document.getElementById('hello').innerHTML);</script>
```

代码中的 getElementById( )方法的功能是通过 id 获得元素。

1.7.4　思考题 1-6：用 table 标签显示同学录

之前的代码都是通过 console 或者 alert( )方法输出同学录，格式不规范，也不够好看，有了 HTML，我们就可以用表格的方式规范输出同学录。代码如下所示。

代码 1-11　建立查找类。

```
1   var $={};
2   $.学生={第 1 行:["序列","姓名","性别","年龄","籍贯","手机号","班级"]};
3   var t_student_grid=[$.学生.第 1 行,
4       ["1","张三","男","20","北京","1366666666","1 班"],
5       ["2","李四","男","20","上海","1588888888","1 班"],
6       ["3","王花","女","19","北京","1361111111","1 班"],
7       ["4","赵月","女","19","上海","1581111111","1 班"],
8   ];
9   $.信息=function(){
10      function output(){
11          var sb=["<table border=1><tbody>"];
12          for(var i=0;i<t_student_grid.length;i++){
13              sb.push("<tr><td>");
14              sb.push(t_student_grid[i].join("</td><td>"));
15              sb.push("</td></tr>");
16          }
17          sb.push("</tbody></table>");
18          document.write(sb.join(""));
19      }
20      this.output=output;
21  };
22  new $.信息().output();
```

相对于前面的代码，上面的代码从第 11 行代码开始增加了 HTML 代码和 JavaScript 代码的交互，详细说明如下。

第 11 行定义了数组变量 sb，初始化内容是 HTML 的 table 标签。

第 13 行向数组 sb 中增加 HTML 的行列标签 tr 和 td。

第14行向数组 sb 中增加数组 t_student_grid,注意这里采用的是 join()方法,这样可以减少一次嵌套循环。

第15行向数组 sb 中增加 HTML 的行、列标签结束符。

第17行向数组 sb 中增加 HTML 的 table 标签结束符。

第18行将 sb 的内容连接成一个字符串,向屏幕输出。之前都是在 Console 控制台输出,这是第一次向屏幕输出内容。

所以上面代码的主要功能就是把数组中的各行和各列数据跟 HTML 标签拼成了一个大字符串,然后使用 document.write()方法输出到网页。将代码复制并粘贴到 Console 控制台中,代码执行结果如图 1-13 所示。

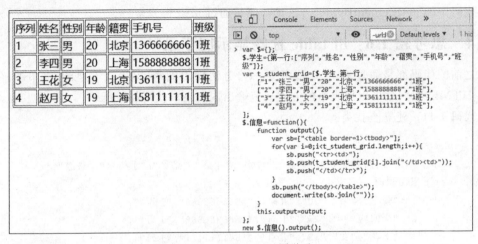

图 1-13　HTML 显示同学录

从图 1-13 中可以看出,输出的表格共有 4 行内容,输出结果符合预期。HTML 默认表格的边框是两个像素宽度,有些不太美观,后面我们会使用组件将其美化一下。

1.8　事　　件

事件是操作页面元素产生的动作。JavaScript 事件与 HTML 元素事件是一一映射的。

1.8.1　事件的种类

HTML 事件可以分为窗口事件、元素组件事件、键盘鼠标事件、多媒体事件等,有些事件在后面章节的组件中已经封装了,不太常用,这里只介绍常用的键盘鼠标和元素组件事件。

键盘鼠标事件如表 1-3 所示。

表 1-3　键盘鼠标事件

名　　称	解　　释
onclick	单击
ondblclick	双击

名　　称	解　　释
onmousedown	鼠标按下
onmouseup	鼠标松开
onmouseover	鼠标经过
onkeydown	键盘按下
onkeyup	键盘弹起
ontouchstart	触摸开始
ontouchend	触摸结束
ontouchmove	触摸移动

HTML 元素组件事件如表 1-4 所示。

表 1-4　HTML 元素组件事件

名　　称	解　　释
onload	页面或者图片 image 加载
onfocus	文本框 input、文本域 textarea 等获得焦点
onblur	文本框 input、文本域 textarea 等焦点失去
onchange	选择框 select、单选框 radio、多选框 checkbox 发生改变

以上事件在第 5 章中会用到。

1.8.2　HTML 元素绑定事件

HTML 元素绑定事件有两种方法：一种是作为 HTML 标签的属性直接绑定，另一种是定义 JavaScript 方法绑定。下面举两个例子讲述如何绑定事件。

（1）div 绑定事件。

```
<div id=hello onclick="alert(this.innerHTML);">世界你好</div>
    document.getElementById("hello").onclick=function(){
    alert(document.getElementById("hello").innerHTML);
};
```

（2）input 元素绑定事件。

```
<input id=hello onfocus="alert(this.innerHTML);" value="世界你好">
    document.getElementById("hello").onfocus=function(){
    alert(document.getElementById("hello").value);
};
```

通过这两个例子可以看出，无论是绑定键盘鼠标事件，还是组件元素事件，语法都是类似的，通过代码数量可以看出，直接用 HTML 属性绑定代码更少，代码更简洁。在属性绑定中,this 关键字是指当前元素。

1.8.3　思考题 1-7：单击同学录的表头进行排序

前面我们通过 HTML 输出了同学录,但单击同学录表头还不能进行排序,本小节就来实现一下。

代码 1-12　单击表头进行排序。

```
1    var $={};
2    $.学生={第一行:["序列","姓名","性别","年龄","籍贯","手机号","班级"]};
3    var t_student_grid=[$.学生.第一行,
4        ["1","张三","男","20","北京","1366666666","1班"],
5        ["2","李四","男","20","上海","1588888888","1班"],
6        ["3","王花","女","19","北京","13611111111","1班"],
7        ["4","赵月","女","19","上海","15811111111","1班"],
8    ];
9    document.write("<div id=cmdiv></div>");
10   $.信息=function(){
11       function output(){
12           var sb=["<table border=1><tbody id=cm>"];
13               for(var i=0;i<t_student_grid.length;i++){
14                   sb.push("<tr><td>");
15                   for(var j=0;j<t_student_grid[i].length;j++){
16                       sb.push("<td title="+j+">"+t_student_grid[i][j]+"</td>");
17                   }
18                   sb.push("</td></tr>");
19               }
20               sb.push("</tbody></table>");
21               document.getElementById("cmdiv").innerHTML=sb.join("");
22       }
23       this.output=output;
24   };
25   new $.信息().output();
26   document.getElementById("cm").onclick=function(){
27       var index=this.title*1;
28       t_student_grid.sort(function(a,b){
29           if(isNaN(b[index])||isNaN(a[index]))
30           return (b[index].localeCompare(a[index])<0?-1:1);
31           else return b[index]-a[index];}
32       );
33       new $.信息().output();
34   };
```

上面的代码主要是定义了一个方法响应单击事件,该方法的功能是:一旦判断表头的某一列被单击,就将 t_student_grid 数组重新排序,详细说明如下。

第 9 行向屏幕输出了一个 div 标签,等待备用。

第 12 行初始化一个 table 标签,注意这里给 tbody 定义了一个 id。

第 15 行开始对每一列进行循环,代码 1-11 中没有对每一列进行循环。

第 16 行向数组 sb 中保存每一列的 td 标签和数组内容,注意每一个 td 标签都有 title 属性,属性标识为二维数组列下标。

第 21 行将 sb 数组连接成一个字符串,输出到第 9 行定义的 div 中,注意这里不能使用 document.write(),有兴趣的可以修改代码试一试。

第 26 行根据 tbody 的 id 值"cm"获得对象,然后定义其 onclick 方法,即单击事件。

第 27 行将每列的 title 乘以 1,由字符串转换为数字。

第 28 行定义 t_student_grid 数组的排序方法。

第 29 行用 isNaN()方法判断单击的列是不是一个数字。

第 30 行表示如果不是数字,则按照字母排序。

第 31 行表示如果是数字,则按照大小排序。

将代码复制并粘贴到 Console 控制台中,单击表头即可排序,说明已经实现了预期功能。但是如果继续单击表头,则没有反应,说明排序只能执行一次。这段排序程序其实并不完美,首先是代码量有点多,其次,单击某一列排序以后,若要通过单击其他列进行排序,必须要刷新页面。这就说明,不使用任何构件编写一个简单的例子要么不完美,要么要花费更多的时间写更多的代码,而在后面的章节中,使用构件完成类似同学录显示和单击排序功能,甚至更多的功能,只需要一行代码即可搞定。

1.9 小　　结

JavaScript 语言非常丰富,技术文档汗牛充栋,本章内容只是一个学习索引,是前端低代码编程常用的内容。

本章主要举了两个例子:一个例子是用各种方式显示经典问候语"Hello, world!",包括弹出对话框、控制台、多语言等方式;另一个例子是同学录的例子,从同学录数组格式化存储、查询,到以表格的形式显示,最后实现了单击表头进行排序。

这就模拟了信息系统中,数据从后端传到前台后,用数组保存数据,用 HTML 标签展示数据,用 JavaScript 操作事件进行互动的过程。

第2章 JavaScript 与前端
低代码 UI 框架

应用系统前端通常由顶部工具条、菜单、数据列表、输入表单、统计报表等多种数据展示录入模块组成,如果这些功能模块用基础的 JavaScript 和 HTML 来完成,耗时长,代码量大,对于初学者来说学习压力比较大,因为基础 JavaScript 语言离成熟应用系统非常遥远,也不利于掌握编程思想。

有了 JavaScript 基础知识以后,前端编程的最好方式是尽快过渡到使用低代码前端 UI 构件编程。使用前端低代码 UI 构件化编程的目标不是像 C 语言一样做算法,也不是用 JavaScript 实现一个小功能、小游戏,构件就像基础 JavaScript 和成熟应用系统之间的桥梁,用 JavaScript 调用构件中的组件编程,就像搭积木,可以快速开发出应用系统的前端界面,实现系统模型,快速获得正反馈。既能加快编程效率,又能提高学习兴趣。

2.1 基 础 概 念

使用低代码构件编程,通常需要对整个系统有所了解,先从宏观层面掌握系统,然后把系统分解成多个模块,因此在 JavaScript 调用前端低代码 UI 组件编程以前,需要掌握一些跟系统相关的基础概念。

2.1.1 B/S 架构风格的基本概念

Web 应用软件和网站都是 B/S 架构风格的应用系统,B 是 Browser 的缩写,S 是 Server 的缩写,B/S 架构意即浏览器/服务器架构。

B/S 架构通常认为是三层结构,第一层是浏览器,也叫前端;第二层是 Web 服务器,也叫后端;第三层是数据库和文件服务器。

如图 2-1 所示,B/S 架构的前两层,也就是前端与后端的交互通常经过以下三个步骤。

(1) 寻址。前端浏览器寻址首先要将域名解析成 IP 地址,然后进行广播,寻找后端服务器;获得服务器应答后与服务器建立握手——现在因为带宽更宽、服务器数量更多,寻址时间比传输数据时间要长得多。

(2) 前后端建立握手后开始传输数据。服务器需要先从数据库或者硬盘上将数据读出,然后以二进制流的方式发送到浏览器。

(3) 浏览器显示数据。浏览器收到服务器发送过来的数据,解析后绘制在屏幕上。

从以上步骤可以看出,前后端交互主要就是传参数、收参数、加工参数和输出结果,这种简单的参数交互模式也被称为管道—过滤器模式。换言之,B/S 架构风格在前后端交互时采用了管道—过滤器模式。

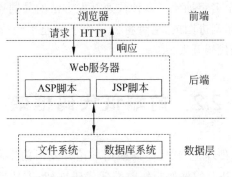

图 2-1   B/S 架构风格的三层结构

B/S 架构的优势是前端免安装,维护、演化、升级、迭代更方便,扩展性更强。这是因为浏览器一般是不需要安装的,是操作系统自带的,所以手机上从苹果应用市场和安卓应用市场安装的应用不是 B/S 架构。但是这些需要安装的应用里面通常都有部分功能模块为了后期演化升级方便,使用了嵌入式浏览器,那么我们就说这部分功能模块是 B/S 架构风格的。

2.1.2   前端 UI 的基本概念

前端 UI(user interface)是指用 HTML、CSS 和 JavaScript 三种语言进行混合编程实现的前端用户界面,界面中 HTML 和 CSS 负责静态显示,JavaScript 负责响应事件,实现动态展示。

复杂的前端 UI 通常有美工参与,美工先绘制一版界面,接下来拆成一张张小图片,然后发给前端网页设计人员进行设计。前端网页设计人员会使用第 1 章讲的 HTML 以及后面的 CSS 等知识对页面进行布局,添加表单、文本框、按钮等组件,然后用 CSS 设置组件位置、大小、颜色等样式,最终设计出静态网页。但这种开发流程非常低效。

前端 UI 低代码构件则把常用的功能做成组件,将 HTML、CSS 样式和 JavaScript 动态功能封装在组件中,设计人员不需要再一个个添加表单组件,不需要一行行布局,通过简单的中文定义,即可实现界面的样式和功能。

2.1.3   低代码编程的基本概念

低代码编程可以这么定义,低代码编程是综合了图形化编程、构件化编程、生成式编程等多种编程方法,以追求代码少为目标的一种软件快速开发方法。

软件快速方法在 20 世纪就有了,面向对象本身就是一种比面向过程更优秀的开发方法。1995 年 Borland 公司推出了 Delphi,发明了图形化编程方法,大大加快了编程速度。但是图形化编程不等于低代码,很多人把图形化编程等同于低代码就走入了误区。

低代码的最大特点就是代码少,构件化编程是可以减少代码的,但是构件化编程不等同于低代码,跟图形化编程一样,构件化编程只是实现低代码的一种手段。

笔者在 2004 年出版的《网站开发:项目规划、设计与实现》一书中介绍过低代码快速编程,但书中只是提到减少代码量,并没有使用"低代码"这个名词,后来又写了两本书,分别介绍了生成式编程如何提高编程效率,仍然没有叫作低代码。

低代码的概念由技术调研公司 Forrester 于 2014 年提出,Forrester 虽然不是一家软件公司,但是因为低代码这个名字抽象了多种快速开发方法的共同点,所以快速流行起来。

低代码风潮在 2016 年刮进国内,笔者将公司旗下快速平台改名为低代码开发平台,前端开发也统一叫作前端低代码开发。

2.2　前端低代码框架

低代码编程概念是一种理论,软件厂商根据理论开发出的实际应用框架就是低代码框架。支持前端 JavaScript 开发的框架叫作前端低代码框架;支持后端 Java 开发的框架叫作后端低代码框架。这本书仅讲述前端低代码框架。

2.2.1　框架、构件与组件

从粒度来看,组件的粒度最小。前端 UI 组件通常是一个完成一定功能的 JavaScript 类或者方法,需要使用 JavaScript 来调用,第 1 章已经讲了创建 JavaScript 类和调用类的 new 关键字和语句,每个掌握了相关知识的程序员都可以创建和调用组件。

前端构件通常是由组件组成的 js 文件,js 文件是指只包含 JavaScript 代码的文件,这一点与组件不同。组件不是单独的文件,但是构件必须是一个文件。构件中的组件不一定要很多,只有一个组件的 js 文件也可以称为一个构件。

本书要介绍三种构件,即下画线构件(_.js)、美元构件($.js)、多语言构件(lg.js),下画线构件中的组件有数十个,而美元构件和多语言构件中的组件只有一个。

前端框架的粒度最大,框架不仅由构件组成,还包含文件夹、图片、htm 文件等,并且规定了构件与构件之间的调用规则、语法等,这些规则和语法被统称为框架约束。

例如,前端低代码框架中规定在多语言构件中存放中英文参照,如果没有英文参照,则图标不能正确显示,而数据库表格的映射放在美元构件中。

前端框架、构件和组件都是开源的,甚至可以被编辑,如美元构件和多语言构件每次都要根据系统的不同,进行不同的编程。

相反,下画线构件虽然也可以编辑,但是通常不建议初学者编辑,因为一旦自定义的类和方法不当,即使跟下画线构件中的类重名,也会造成页面错误。

2.2.2　下画线构件介绍

下画线构件是低代码框架中的主要构件,大部分组件都包含在下画线构件中。构件中包含两类组件:一类是类组件,另一类是方法组件。

JavaScript 在调用类组件时需要用 new 关键字进行声明,例如:

```
var layer1=new _.layer(A,P);
```

JavaScript 在调用方法组件时,不需要用 new,直接调用即可,例如:

```
_.ajax(P);
```

本小节先介绍类组件,方法组件在 2.6 节介绍。表 2-1 是下画线构件中的类组件列表。

表 2-1 下画线构件中的类组件列表

中文名称	英文名	功能说明
层	layer	用来分割页面,进行布局
标签	tabs	使用分类标签展示数据
输入	inputs	建立表单和表单元素以接受数据输入
按钮	buttons	若干个按钮组成的按钮矩阵或者工具条
网格	grid	以表格的方式展示数据
列表	list	以大图标的方式展示数据
选择器	selected	存放被选中的数据,也可以使用"购物车"名称
菜单	menu	主菜单和子菜单
日历	calendar	日历组件,第一行是从周日到周一
工具条	toolbar	工具条
幻灯片	pps	可以逐张播放照片
报表	report	按照日期分类显示数据表
播放器	player	图文并茂地播放新闻等内容

下画线构件对类和方法的命名是参考了 Delphi、Java、HTML 等常用语言的命名,这些命名程序员都熟悉。不同的是其他语言的命名只有英文,而低代码组件是用中文命名的,JavaScript 调用组件时,既可以用中文调用,也可以用英文调用。

低代码组件的中文命名一般是翻译自英文命名,但是有时候翻译会有争议,有争议的翻译在计算机界比较普遍,具体到下画线构件,有一些中文命名可能有些出入,如布局组件(layer),中文叫作"层",如果有的程序员觉得别扭,可以自行定义,如可以定义为"_.布局 = _.layer",这样以后就可以使用 JavaScript 调用"_.布局(A,P)"组件了。

有的低代码组件本身就支持多个中文名词,如 selected 组件,两个中文名称分别是"选择器"或者"购物车",也就是说,使用 JavaScript 调用"_.选择器(A,P)"或者调用"_.购物车(A,P)"都是合法的,可以执行。

2.2.3 美元构件介绍

美元构件是一个用来协助程序实现中文自定义方法和变量的构件。

首先 $ 是一个全局枚举变量,可以给它增加新的属性,因为枚举的属性可以定义为中文等非英语字符,所以我们可以用这个特色实现多语言编程,例如:

```
var layer1=new _.层(A,P);
```

使用美元构件以后,可以写为

```
$.界面=new _.层(A,P);
```

再比如以前没有美元构件,我们要定义一个 table 变量,只能使用“var table="表格"”这样的形式,有了 $ 就可以使用“$.表格="表格";”这样的形式。

除了定义变量,还可以定义方法。比如,以前要定义一个排序方法,只能使用“function orderby(){}”这种形式,现在使用美元构件就可以写作“$.排序=function(){}”。

这种命名的原理我们已经在第 1 章中说过,我们也讲了之所以要这么做的原因,就是传统的非中文编程时,程序员对变量、方法的命名通常非常混乱,有时使用拼音,有时使用中式英语,这种不规则的命名方法不经意间增加了代码的阅读难度,而使用中文对变量和方法进行命名时,瞬间即可将代码的友好性提升数倍,节省大量的注释。

除此以外,美元构件还承担映射关系型数据表的任务,如图 2-2 所示。

```
$.版本="1.0";
$.行业={英文:"trade",属性:[["名称",'td_name'],_.序列("pms.td_id")],第一行:["序列
$.公司={英文:"company",属性:[["公司名称",'cp_name'],["简介",'cp_synopsis',{类型
$.部门={英文:"dept",属性:[["名称",'dp_name'],["联系人",'dp_connetor'],["电话",'
$.汇款通知={英文:"dept",属性:[["用途",'dp_name',{值:"餐补"}],["日期",'dp_date',
$.发餐补={英文:"dept",属性:[["员工",'sf_name'],["发放时间",'dp_time'],["金额",'
$.员工={英文:"staff",属性:[["姓名",'sf_name'],['性别','sf_sex',{类型:"select",值
$.仓库={英文:"storage",属性:[["名称",'sg_name'],["地址",'sg_addr'],_.序列(_.db+
$.供应商={属性:[["名称",'pro_name'],["联系人",'pro_connector'],["电话",'pro_pho
$.客户={英文:"client",属性:[["名称",'ct_name'],["电话",'ct_phone'],_.序列(_.db+
$.会员={英文:"client",属性:[["名称",'ct_name'],["电话",'ct_phone'],["性别",'ct_
//$.会员卡={英文:"cardinfo",属性:[["卡号",'ci_nd'],["卡类型",'mck_id'],["余额",
$.分类={英文:"goodskind",属性:[["名称",'gkd_name'],["打印机",'pt_id',{类型:"sel
$.酒菜={第一行:["代号","名称","拼音码","单位","其他名称","","小图","大图","备注
$.套餐={属性:[["名称",'gkd_name'],_.序列(_.db+".gkd_id")],第一行:["套餐","套餐
$.备注={英文:"goodsremark",属性:[["名称",'gkd_name'],_.序列(_.db+".gkd_id")],第
$.退菜原因={英文:"returnreason",属性:[["名称",'gkd_name'],_.序列(_.db+".rnrn_id
$.收款方式={英文:"paykind",属性:[["名称",'pkd_name'],["类型",'pkd_un',{类型:"se
$.节假日={英文:"holiday",属性:[["名称",'hd_name'],["日期",'hd_date'],_.序列(_.d
$.预订单={英文:"booktable",属性:[[],_.序列(_.db+".bk_id")],第一行:["代号","预定
$.销售单={英文:"sell",缩写:"sell",第一行:["单号","房间","日期","总计","收款明细
$.销售明细={英文:"sell_goods",缩写:"sell",第一行:["","酒菜","数量","小计","备注
$.收款明细={英文:"sellgathering",属性:[[],_.序列(_.db+".slgg_id")],第一行:["序列
```

图 2-2　美元组件映射关系型数据表的代码

通过图 2-2 中的代码可以看出,数据表中的各列都被映射在 JS 对象中,这种映射叫作 OR 映射,是 Sun 公司在 EJB 技术中发明的,不过 EJB 单纯用 Java 来实现映射不属于计算前置,代码复杂,又耗费服务器内存,已经逐渐被淘汰了。

我们挑里面比较短的代码解释一下映射原理,比如部门的代码是这样的:

```
$.部门={英文:"dept",
属性:[["名称",'dp_name'],["联系人",'dp_connetor'],["电话",'dp_phone'],_.序列
("pms.dp_id")],
第 1 行:["序列","名称","联系人","电话"]};
```

也就是说,部门枚举有三个属性,分别是英文、属性和第 1 行。

英文是指表格在数据库中的英文名称,如果跟多语言构件(lg.js)中的中英对照一致,这里可以不写。

属性是指数据库表格中各字段的名称以及显示类型,具体细节我们会在介绍输入(input)组件时详细介绍。

第 1 行是指输出到屏幕的第 1 行的名称,就像同学表的第 1 行,如果第 1 行名称跟属性

中完全一致,此属性也可以为空。

2.2.4　多语言构件介绍

多语言构件承担翻译功能,因为大型软件的名称非常多,所以统一放在 lg.js 文件中,有了这个文件,当需要更换显示语言时,只需要换一个参数即可。lg.js 的代码示例如下。

代码 2-1　lg.js 的代码示例。

```
var language=[["中","日","英"],
["澳大利亚","","Australia"],
["报表","レポート","Report"],
["本周","今週","This Week"],
["本月","今月","This Month"],
["编程","","Programe"],
["表格","","Table"],
["标题","","Title"],
["报价中","","Quoting price"],
["报价企业","","Replied Company"],
["报价中询价单","","Quoting price"],
["不能为空","","Not null"],
["不限","","unlimited"],
["板块","","Plate"],
["备注","","Remark"],
["补打发票","","Print Invoice"],
["并房","","Union Room"],
["并单","","Union Bill"],
["部门","","Dept"],
...
["注销","退出","Quit"],
["注册","","Register"],
["状态","","Status"],
["专题","","Special"],
["主会场","","Main Venue"],
["主营","","Main Business"],
["住房","IN","IN"],
["在线洽谈","","Online negotiation"],
["账号未注册","","Account not registered"],
["账号或密码错误","","Wrong account or password"],
];
L.序号 = _.getParameter ("lg") = =""? ((navigator. browserLanguage||navigator.
language).toLowerCase().indexOf("zh")!=-1? 0:2):_.getParameter("lg") * 1;L.init
(language);
```

从上面代码中可以看到,lg.js 中主要包含了一个 language 二维数组,这个数组第 1 列是中文,第 2 列是日文,第 3 列是英文,其他语言可以根据需要继续加上。

使用代码中的 getParameter()方法完成语言切换,该方法的含义是从地址栏里面获取参数,这样要改变一种语言,只需要更改浏览器地址栏的参数即可。

2.3　低代码框架调试环境

根据不同的调试需求,低代码编程框架支持三种不同的调试环境。在线调试时不需要安装调试环境,本地调试时需要安装调试环境。

2.3.1　免下载在线调试

低代码框架三种调试环境中,最简单的调试是在线调试,只需要打开在线调试网址 http://www.chofo.com/demo/pc.htm,将代码复制并粘贴到 Console 控制台中就可以调试,这种调试方法跟 1.2.3 小节中调试基础 JavaScript 代码无异。

在线调试的优点是调试环境便捷,只要可以上网即可,也不需要携带,缺点是不能保存中间结果,浏览器一旦关闭,不会保存任何记录。

所以,在线调试适合速学、测试和验证,如果要验证代码的对错,只需要进行在线调试即可。

在线调试也方便教学授课,授课老师不需要在实验室搭建调试环境,学生联网后打开调试网址即可进行调试。

2.3.2　下载 demo 后本机调试

下载 demo 后本机调试可以弥补在线调试的不足,可以保存中间结果,而且每次调试都不必连接互联网,下载在线演示模板文件的步骤如下。

(1) 在 D 盘根目录下创建一个 web 文件夹。选择 D 盘的原因是避免系统崩溃而不得不格式化 C 盘重装系统,程序文件放在 D 盘就可以保护源代码不受损失。

(2) 在 Web 文件夹下创建 demo 文件夹。在 demo 文件夹下创建 js、ico、read 和 write 等子文件夹。

(3) 打开 http://www.chofo.com/demo/pc.htm,在空白处右击,在弹出菜单中选择"另存为"命令,此时出现图 2-3 所示的界面。

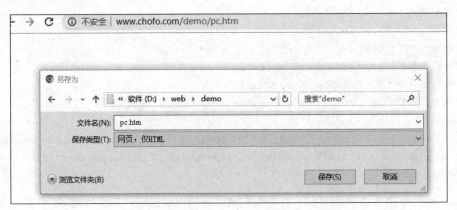

图 2-3　保存 pc.htm

图 2-3 中，保存的位置选择"d：/web/demo"文件夹，文件名要改为"pc.htm"，保存类型选择"网页，仅 HTML"，然后单击"保存"按钮，即可将 pc.htm 保存到本地。

（4）打开 http://www.chofo.com/demo/js/_.js 文件，另存到 js 文件夹下，如图 2-4 所示。

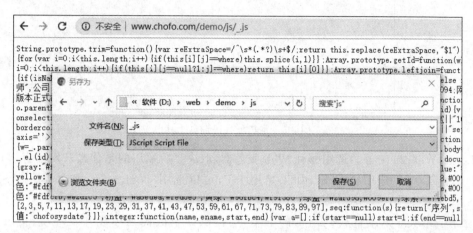

图 2-4 保存 _.js 文件

（5）重复第（4）步，下载并保存 $.js 和 lg.js 到 demo/js 文件夹下。前端工程文件模板文件和文件夹如表 2-2 所示。

表 2-2 前端工程文件模板文件和文件夹

一级文件夹	二级文件和文件夹	三级文件
demo	js	_.js $.js lg.js
	ico	—
	read	—
	write	—
	image	—
	pc.htm	—

（6）用 Chrome 浏览器打开 pc.htm，地址栏会显示 file:///D:/web/demo/pc.htm，如图 2-5 所示，说明本机调试工具安装成功。以后每次调试修改完 pc.htm、$.js 或 lg.js，刷新 pc.htm 即可。

2.3.3 安装 Web 服务器后局域网调试

本机调试虽然可以保存中间结果，但是因为采用的是 file 协议访问，仅支持本机访问，不支持局域网内其他计算机访问，也不支持手机访问。如果要支持局域网和手机访问，就必须安装 Web 服务器。

低代码框架支持所有 Web 服务器，包括但不限于 IIS、Nginx、Apache、Tomcat、JBoss、

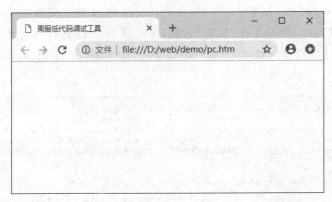

图 2-5　本机低代码调试工具

WebLogic、WebShere 等。选用哪种 Web 服务器,取决于后端用的是什么开发语言,如果是用 PHP 语言,可以选用 Apache;如果是用 JSP,可以选用 Tomcat 等;如果是用 ASP,则用 IIS。

在下一本关于后端低代码组件的书中,会提供一个低代码集成开发环境,集成开发环境安装完毕,后端 Web 服务器就会成功安装,为降低学习难度,暂时先不讲解前端部分的安装。学生使用学校统一的 Web 服务器,有经验的开发人员使用已安装的 Web 服务器即可。

一旦成功安装了 Web 服务器,只需要将 demo 文件夹复制到根目录下,然后打开浏览器,输入 http://localhost/demo/pc.thm,即可打开调试环境。

如果局域网内其他计算机访问,则需要使用 IP 访问,如安装调试工具的计算机的 IP 地址是 192.168.1.8,那么它的局域网访问地址就是 http://192.168.1.8/demo/pc.htm。

2.3.4　从文件和文件夹数量辨别低代码框架

在 Java 的 EJB 时期,受 MVC 架构风格影响,程序员需要为每一个数据库表格编写一个文件夹。如果有 300 个表格,就会有 300 个文件夹,最终存储在硬盘上的文件夹如图 2-6 所示。

图 2-6 中只是截取了部分文件夹,因为文件夹实在是太多了,开发和维护文件夹的工作量也非常大。

因为普通表格的增删改查基本上不需要写程序,现在的低代码、低跳转、低弹窗框架的单据表只需要寥寥几行代码,页面中的代码大多是完成布局、流程等计算的。

每个文件中的代码数量比较少,可以合并同类文件,因此减少了文件数量,可以再进一步合并文件夹,因此文件夹的数量也同步减少。所以,一般系统只有 6 个文件夹,根目录下也只有六七个文件,最后剩余的文件和文件夹如图 2-7 所示。

所以要想判断软件系统是否是由真正的低代码平台做出来,在手工编码之前,看一下其文件夹和文件数量即可知道,当文件和文件夹数量很少时,因为文件是代码的容器,才能实现低代码。

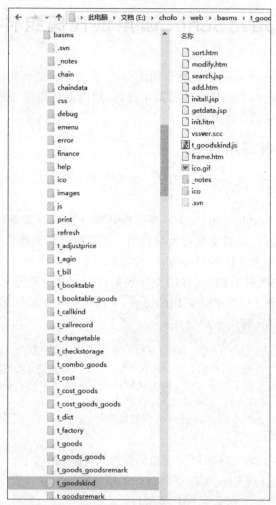

图 2-6　存储在硬盘上的文件夹

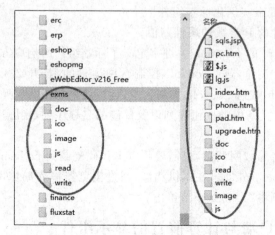

图 2-7　最后剩余的文件和文件夹

2.4 JavaScript 调用低代码组件速览

掌握第 1 章讲的 JavaScript 定义类和调用类后,就可以将低代码组件实例化,并进行传参数调用,本节先来速览一下部分组件的调用过程,理解低代码开发思想,以跟传统开发进行对比,更详细的讲解从第 3 章开始。

2.4.1 低弹窗的布局组件

布局是一种划分屏幕、对齐内容的方式。布局分为页面布局、区域布局、行布局、列布局等多种方式。

HTML 可以使用<table>和<div>等标签分割屏幕。如果要对齐内容,还需要使用 CSS 样式设置对齐方式,因此需要编写大量代码。低代码布局组件则将<div>和<table>标签进行了封装,可以用中文设置对齐方式,代码量因此大大减少。

本书要讲解的布局组件有四个,这四个布局组件可以很方便地被 JavaScript 调用。为了预览、演示布局组件被 JavaScript 调用的过程,下面挑选三个组件编辑了一段演示代码。

代码 2-2 JavaScript 调用布局组件。

```
1   new _.层([["chofo",{上:48,左:100,下:48,放缩:true,顶间距:3}]],{代号:"P",边框:0});
2   new _.工具条([["按钮1","按钮2","按钮3","按钮4","按钮5","按钮6"],
3   {代号:"toolbar",输出:"chofo_top",无图标:true,选中颜色:"#4b72a5,#4b72a5"});
4   new _.标签([["标签一"],["标签二"],["标签三"]],
5   {代号:"tab",输出:"chofo_center",内容位置:"bottom"},
6   function(i,src,B){alert(B[i]);});
```

上面代码演示了 JavaScript 如何调用布局组件,详细介绍如下。

第 1 行用 JavaScript 的 new 关键字实例化了层组件。

第 2 行用 new 关键字实例化了工具条组件。

第 3 行用 JavaScript 的枚举给工具条组件的 P 参数的属性赋值。

第 4 行用 new 关键字实例化标签组件。

第 5 行给标签组件的 P 参数的属性赋值。

第 6 行用 JavaScript 的 function 关键字定义了标签组件的响应方法。

以上代码是可以在浏览器的 Console 控制台中运行的,打开 2.3.1 小节的在线调试环境,然后将代码复制并粘贴到 Console 控制台中,运行效果如图 2-8 所示。

图 2-8 中显示了工具条中的按钮序列以及标签的名称序列,实际应用时,只需要改成对应的名称即可。

如果要在本机或者局域网调试,只需要将以上代码复制到 pc.htm 的<script>标签中,然后保存。双击打开 pc.htm 即可在本机调试,通过浏览器输入局域网网址,即可在局域网内调试。具体代码示例将在 2.5.4 小节给出。

2.4.2 实现富客户端与计算前置的显示组件

低代码显示组件是一种批量显示数据的组件,所谓批量显示,是指低代码组件总是显示

图 2-8　JavaScript 调用布局组件的运行效果

一个二维数组的内容,而不是一个字符串。这个二维数组通常影射的是关系型数据库的表格或者视图的内容。

　　HTML 要批量显示数据,需要使用 JavaScript 语言进行 for 循环,输出使用<table>标签的<tr>和<td>标签,或者使用<div>等标签包裹数据。低代码显示组件已经将 for 循环、<div>和<table>标签封装到了组件内部,所以不需要再写这些代码了。

　　本书要讲解的显示组件有四个,为了预览、演示显示组件如何被 JavaScript 调用,本小节挑选两个典型的网格组件和列表组件,编辑了一段演示代码。

　　代码 2-3　JavaScript 调用显示组件。

```
1   new _.层([["chofo",{上:48,左:100,下:48,放缩:true,顶间距:3}]],{代号:"P",边框:0});
2   new _.工具条(["按钮 1","按钮 2","按钮 3","按钮 4","按钮 5","按钮 6"],
3   {代号:"toolbar",输出:"chofo_top",无图标:true,选中颜色:"#4b72a5,#4b72a5"});
4   new _.标签([["标签一"],["标签二"],["标签三"]],
5   {代号:"tab",输出:"chofo_center",内容位置:"bottom"},
6   function(i,src,B){
7       if(i==0){
8           new _.网格([["第 1 列","第 2 列","第 3 列","第 4 列","第 5 列"]],
9           {代号:"grid",输出:"tab_content"});
10      }else{
11          new _.列表([["序列","名称","图片"],["1","名称 1","1.png"]],
12          {代号:"list",输出:"tab_content",图:2,路径:"photo/"});
13      }
14  });
```

　　上面代码中,前 6 行是布局组件内容,从第 7 行进入标签组件的方法中,判断单击的是第几个标签,标签的下标跟数组下标一样,都是从 0 开始的。

　　第 8 行用 JavaScript 的 new 关键字实例化网格组件,并定义了网格组件的第 1 行表头。

　　第 9 行对网格组件的枚举参数进行赋值。

　　第 10 行表示 JavaScript 的 if 语句结束,else 语句开始。

　　第 11 行用 new 关键字实例化列表组件,并定义了一个列表框。

　　第 12 行对列表组件的枚举参数进行赋值。

　　第 13 行结束标签的 function 事件定义。

　　第 14 行结束标签组件的定义。

以上代码是可以在浏览器的 Console 控制台中运行的,打开在线调试环境,然后将代码复制并粘贴到 Console 控制台中,单击"标签二"后,运行效果如图 2-9 所示。

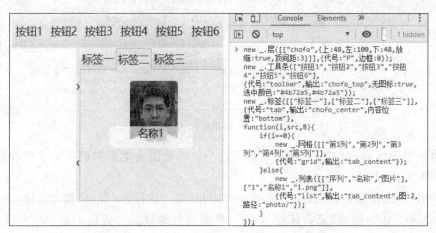

图 2-9　JavaScript 调用显示组件的运行效果

图 2-9 中网格组件和列表组件输出到了标签组件的内容位置,受 JavaScript 的 if 和 else 条件语句控制,单击"标签一"和"标签二"后显示的内容不同。

2.4.3　低跳转输入组件

低代码输入组件是一种批量显示表单元素的组件,所谓批量显示,是指低代码组件读取一个二维数组参数的内容,然后将数个表单元素一次性显示出来。这个二维数组通常影射的是关系型数据库的表的结构。

HTML 使用<form>标签显示表单,使用<input>、<textarea>、<radio>、<select>等标签显示输入元素,这些内容需要一个一个地编程,效率低下。低代码显示组件已经将这些表单元素标签封装到组件中,减少了代码量,提高了编程效率。

本书要讲解的输入组件有三个,为了预览、演示输入组件如何被 JavaScript 调用以及如何与显示组件互动,本小节挑选典型输入组件,编辑了一段演示代码。

代码 2-4　JavaScript 调用显示组件。

```
1    new _.层([["chofo",{上:48,左:200,下:48,放缩:true,顶间距:3}]],{代号:"P",边框:0});
2    new _.工具条(["按钮 1","按钮 2","按钮 3","按钮 4","按钮 5","按钮 6"],
3    {代号:"toolbar",输出:"chofo_top",无图标:true,选中颜色:"#4b72a5,#4b72a5"});
4    new _.标签([["标签一"],["标签二"],["标签三"]],
5    {代号:"tab",输出:"chofo_center",内容位置:"bottom"},
6    function(i,src,B){
7        if(i==0){
8            new _.网格([["第 1 列","第 2 列","第 3 列","第 4 列","第 5 列"]],
9            {代号:"grid",输出:"tab_content"});
10       }else{
11           new _.列表([["序列","名称","图片"],["1","名称 1","1.png"]],
12           {代号:"list",输出:"tab_content",图:2,路径:"photo/"},
13           function(i,src,hidehr,B){
```

```
14          new _.输入([["文本框 1","t1"],["文本框 2","t2"]],
15              {代号:"input",列数:1,输出:"chofo_left",框宽:100,行高:33})
16          });
17      }
18  });
```

上面的代码多了 4 行，前 12 行是布局组件和显示组件内容，从第 13 行进入列表组件的方法中，开始用 JavaScript 对单击列表事件进行编程。

第 14 行用 new 关键字实例化输入组件，并定义了两个输入文本框。

第 15 行对输入组件的枚举参数进行赋值。

第 16 行结束列表的 function 事件定义。

第 17 行结束标签的 function 事件定义。

第 18 行结束标签组件的定义。

以上代码是可以在浏览器的 Console 控制台中运行的，打开在线调试环境，然后将代码复制并粘贴到 Console 控制台中，单击"标签二"，再单击列表照片，运行效果如图 2-10 所示。

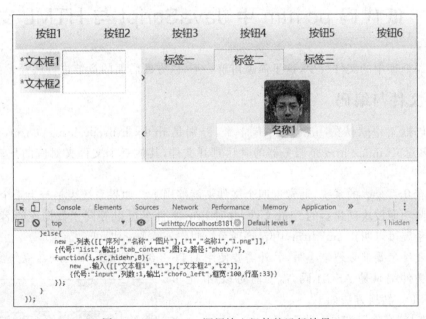

图 2-10　JavaScript 调用输入组件的运行效果

本小节的例子已经较为完整地演示了 JavaScript 调用布局、显示和输入组件的过程，以及多种组件是如何通过 JavaScript 进行事件响应和传递参数的。

从例子中可以看出，使用低代码组件进行 JavaScript 编程时代码简洁，重视系统逻辑，可以使用较少的代码实现系统前端界面。

2.4.4　低代码组件如何易学、易记、易用

低代码组件通常只有三个参数，分别是 A、P 和 click。A 是 Array 的首字母，顾名思义，A 是一个二维数组；P 是 Parameter 的首字母，是一个枚举；click 就是单击事件，是一个方法。

在第 1 章中,特别强调要掌握数组和枚举,就是因为在下画线构件和美元构件中大量使用了数组和枚举。

将组件参数名称雷同能减少信息量,方便记忆。因此枚举 P 参数的属性定义也遵守雷同原则,比如常见的属性有"代号(id)""输出(output)"、debug 等,这些属性低代码组件几乎都有。

其中"代号(id)"定义了组件中的<div>或者<table>的 id。"输出(output)"定义了 innerHTML 的对象的 id。debug 若是 true,则会用 console.log()向控制台打印调试信息;若是低版本的不支持 console 的 ie6,则会弹出警告,例如:

```
$.界面=new _.层(A,P);
```

当对枚举 P 参数进行定义后,可以写为

```
$.界面=new _.层(A,{id:"chofo",输出:"",debug:true});
```

在第 6 章会介绍 debug 调试程序的详细案例。

2.5 低代码 pc.htm 中 JavaScript 与 HTML 交互

低代码框架中的文件很少,这里简单讲解一下,以方便后面的章节进行展开。

2.5.1 文件与编码

低代码框架中默认的 htm 文件有 4 个,分别是 index.htm、pc.htm、pad.htm、phone.htm。顾名思义,index.htm 是服务器的默认打开文件,其他三个文件夹对应的是三种不同的终端。

对于有几百个表的系统,通常这四个文件夹就够用了。如果系统表格有上千个,有时候还需要按照功能模块创建新的 htm 文件,此时 htm 文件名可以等同于数据库的名称,比如学生管理系统可以叫作 sms.htm,内容管理系统叫作 cms.htm 即可。

htm 文件名要求必须是小写,另外需要使用 UTF-8 编码,中文 Windows 系统默认的新建记事本文件编码是 ASCII 码,需要时可以用"记事本"转换一下。转换方法如下。

(1) 选择"文件"→"另存为"命令。

(2) 在弹出对话框中选择 UTF-8,如图 2-11 所示。

(3) 单击"保存"按钮。

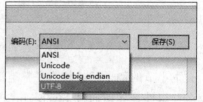

图 2-11　选择 UTF-8 编码

2.5.2 htm 文件头

每个 htm 文件都有相似的文件头,每一行都是有用的,低代码、低弹窗框架中的 htm 有经过经验积累的文件头,打开 demo.htm 可以看到如图 2-12 所示的源代码。

详细介绍如下。

第 1 行表示兼容 IE 6 浏览器。

```
1   <html><head><meta http-equiv="X-UA-Compatible" content="IE=6">
2   <meta http-equiv="Content-Type" content="text/html; charset=UTF-8" /
3   <meta name="apple-mobile-web-app-capable" content="yes" />
4   <meta name="viewport" content="initial-scale=1.0, minimum-scale=1.0,
5   <meta http-equiv="Pragma" content="no-cache">
6   <meta http-equiv="Cache-Control" content="no-cache">
7   <meta http-equiv="Expires" content="0">
8   <style><!-- @keyframes chofoRotateX{0%{transform:rotate(360deg);} 10
9   <title>调试管理系统</title>
10  <script src="js/_.js?v=12"></script><script src="js/$.js"></script>
11  </head><body><script>
12  </script>
13  </body>
14  </html>
```

图 2-12　demo.htm 源代码

第 2 行表示编码是 UTF-8 编码。

第 3 行表示以全屏的方式打开 iPad、iPhone。

第 4 行表示是否允许放缩界面,默认为 no。

第 5～7 行表示是否允许缓存界面,这里设置为不允许缓存。

第 8 行是 CSS 3D 动画样式,在列表组件、幻灯片组件以及播放器等组件中要用到。

第 9 行是网页文件标题,这里是"调试管理系统",具体应用时改成应用系统名称。

第 10 行是包含低代码、低弹窗框架的三个构件文件,即_.js、$.js 和 lg.js。

第 11 行表示 head 标签结束,body 标签开始。

第 12 行是 script 脚本写入行,如后面的层组件应该在这一行定义。

第 13 行表示 body 标签结束。

第 14 行表示 html 标签结束。

实际编写 htm 文件时,在 html 标签结束后可以继续定义 script 标签,继续写入内容。这里不再赘述,等到具体案例时再讲解。

2.5.3　htm 文件编辑器

市面上有不少前端工程管理工具和 htm 文件编辑器,这些工具通常既可以创建工程,也可以创建站点,笔者经常使用的 NotePad 如图 2-13 所示。

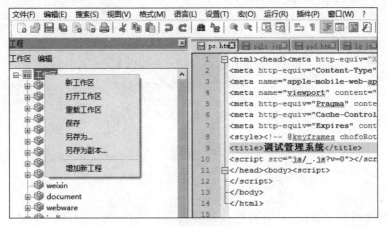

图 2-13　htm 编辑器 NotePad

从图 2-13 中可以看出,编辑器左侧是工作区,可以创建工程,一个工程可以对应一个站点。右侧是文件编辑区,htm 的标签和属性用不同颜色进行了标识,htm、css 和 JavaScript 语言的代码也用不同颜色进行了标识,这样可以协助程序员快速定位。

NotePad 另外一个优点是代码少、体积小、轻量化,适合低代码这种文件少、代码少的系统工程。

2.5.4 思考题 2-1:将 JavaScript 内容放到 pc.htm 中

将低代码组件代码放到 pc.htm 中,并在本机和局域网中的代码如下。

代码 2-5 改造后的 pc.htm。

```
1    <html><head><meta http-equiv="X-UA-Compatible" content="IE=6">
2    <meta http-equiv="Content-Type" content="text/html; charset=UTF-8" />
3    <meta name="apple-mobile-web-app-capable" content="yes" />
4    <meta name="viewport" content="显示内容略"/>
5    <meta http-equiv="Pragma" content="no-cache">
6    <meta http-equiv="Cache-Control" content="no-cache">
7    <meta http-equiv="Expires" content="0">
8    <style><!-- CSS 内容略 --></style>
9    <title>周服低代码调试工具</title>
10   <script src="js/_.js"></script><script src="内容略"></script>
11   </head><body><script>
12   new _.层([["chofo",{上:48,左:200,下:48,放缩:true,顶间距:3}]],{代号:"P",边框:0});
13   new _.工具条(["按钮1","按钮2","按钮3","按钮4","按钮5","按钮6"],
14   {代号:"toolbar",输出:"chofo_top",无图标:true,选中颜色:"#4b72a5,#4b72a5"});
15   new _.标签([["标签一"],["标签二"],["标签三"]],
16   {代号:"tab",输出:"chofo_center",内容位置:"bottom"},
17   function(i,src,B){
18       if(i==0){
19           new _.网格([["第1列","第2列","第3列","第4列","第5列"]],
20           {代号:"grid",输出:"tab_content"});
21       }else{
22           new _.列表([["序列","名称","图片"],["1","名称1","1.png"]],
23           {代号:"list",输出:"tab_content",图:2,路径:"photo/"},
24           function(i,src,hidehr,B){
25               new _.输入([["文本框1","t1"],["文本框2","t2"]],
26               {代号:"input",列数:1,输出:"chofo_left",框宽:100,行高:33})
27           });
28       }
29   });
30   </script>
31   </body>
32   </html>
```

从上面的代码可以看出,只需要把代码复制到 pc.htm 第 11 行的<script>标签中,保存即可执行。

2.6　JavaScript 调用方法组件

JavaScript 除了可以调用布局、显示和输入等类组件完成前端页面的显示和输入外,还可以调用方法组件进行计算。低代码的方法组件可以分为元素类方法、外观类方法、日期类方法和 Cookie 类方法四种。

2.6.1　元素类方法

2.5 节曾经提到 JavaScript 使用 document.getElementById 方法通过 id 获得一个元素对象,不过这个方法字符太多了,下画线构件可以用"_.el(id);"来替换这些字符。

有时候我们还需要获取对象的父对象,就是包含这个对象的对象,此时可以使用"_.parent(id);"方法。

如果要获得元素的样式对象,可以使用"_.parentStyle(id);"方法。

这些方法经过重定义后,英文含义不变,但是代码量大大减少了。

2.6.2　外观类方法

外观类方法主要有两个,即"_.width()"和"_.height()",顾名思义,width 是获得宽度,height 是获得高度。它们的中文名称是"_.宽()"和"_.高()"。

这两个函数如果不带任何参数,是获得浏览器显示区域的宽度和高度;如果带了一个 id,则是获得该 id 所指代对象的高度和宽度。例如,在 Console 控制台中执行这两个方法的输出结果如图 2-14 所示。

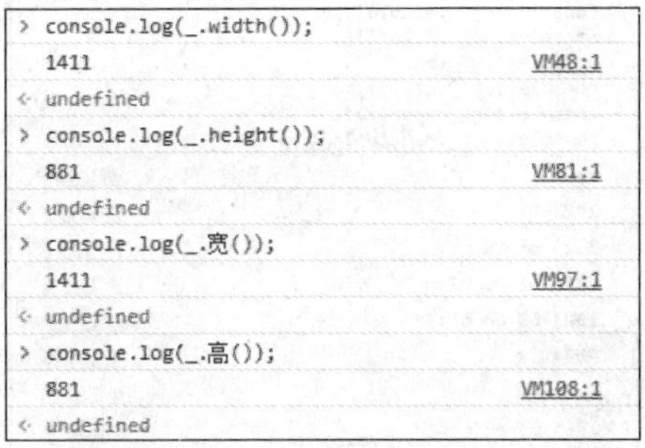

```
> console.log(_.width());
  1411                                            VM48:1
< undefined
> console.log(_.height());
  881                                             VM81:1
< undefined
> console.log(_.宽());
  1411                                            VM97:1
< undefined
> console.log(_.高());
  881                                             VM108:1
< undefined
```

图 2-14　在 Console 控制台中输出浏览器显示区域的宽度和高度

2.6.3　日期类方法

JavaScript 定义了非常丰富的获取日期和时间的方法,只是使用不够简单,笔者在下画线构件中重新定义了方法,简化了操作,如表 2-3 所示。

表 2-3 中的方法不仅可以获得当前日期,也可以加上一个参数,获得当前日期或者当前时间以前或者以后的日期或时间,如果参数为整数,则返回当前时间以后的日期或者时间;若是负数,则返回之前的;若为空或者 0,则返回当前的。为了方便讲解,将以上方法做一个测试用例,如下所示。

表 2-3　下画线构件中的日期和时间方法

英文名	中文名	说　　明
year	年	以 yyyy 格式返回年
month	月	以 yyyy-mm 格式返回月
day	日	以 yyyy-mm-dd 格式返回日
hour	时	以 yyyy-mm-dd hh 格式返回时
minute	分	以 yyyy-mm-dd hh：MM 格式返回分

代码 2-6　获取日期或者时间的方法源代码。

```
console.log(_.year());
console.log(_.month());
console.log(_.day());
console.log(_.hour());
console.log(_.minute());
console.log(_.year(1));
console.log(_.month(1));
console.log(_.day(1));
console.log(_.hour(1));
console.log(_.minute(1));
```

该测试用例在 Console 控制台中执行后的输出结果如图 2-15 所示。

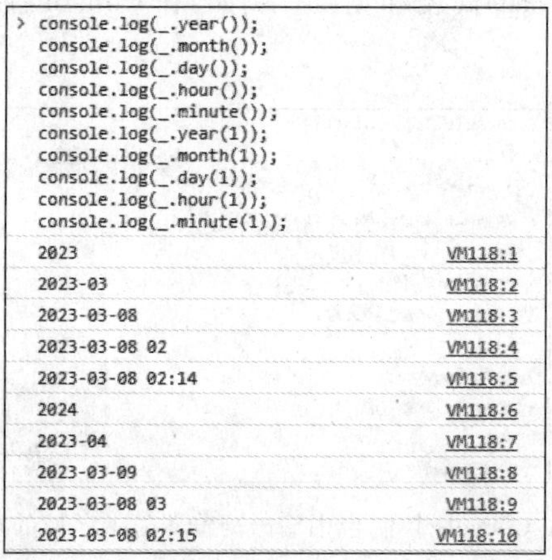

图 2-15　获取日期和时间的方法的代码执行结果

2.6.4　Cookie 类方法

Cookie 是一种保存在客户端的数据,最大不能超过 4KB。笔者在下画线构件中设计了两个新方法来简化操作,分别是"_.setCookie()"和"_.getCookie()"。为了方便讲解,这里写一段代码,在进行设置以前,先获得 key 的值,会输出为空,然后设置 key 的 value,最后输出。

代码 2-7 设置和获取 Cookie。

```
console.log('key的值='+_.getCookie('key'));
_.setCookie('key','value');
console.log('key的值='+_.getCookie('key'));
```

代码执行结果如图 2-16 所示。

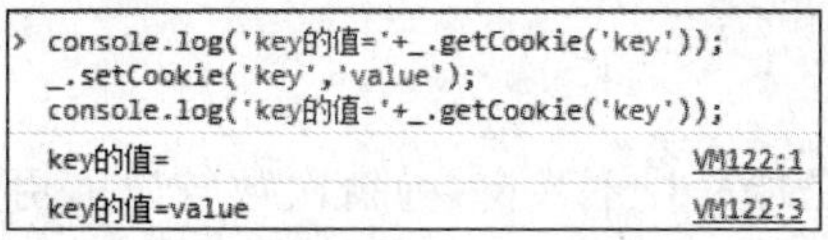

```
> console.log('key的值='+_.getCookie('key'));
  _.setCookie('key','value');
  console.log('key的值='+_.getCookie('key'));
  key的值=                                      VM122:1
  key的值=value                                 VM122:3
```

图 2-16 设置和获取 Cookie 的代码执行结果

通过代码可以看出,在执行"_.setCookie()"方法以后,就可以通过"_.getCookie()"方法获得 key 的 value 了。

2.7 小 结

与后端编程不同的是,前端编程除了追求代码的运行效率,还要注意页面的美观性和友好性,而前端编程因为是用 3 种语言编程实现功能,所以可能有多种编程方案来提高效率、美观性和友好性,比如一行多列的布局、按钮、动画等,分别用不同的 HTML 标签、CSS 或 JavaScript 编程实现。有的程序员不求甚解,只要运行出想要的结果,不考虑效率如何,草率编写一段代码,甚至从网上随便复制一段代码,这种编程习惯在低代码生成式编程中是不可取的。

低代码编程提倡一种代码少而精的编程习惯,对于代码,程序员一定要精雕细琢,凡是遇到可能有多种编程方案的问题,最佳策略就像做科学实验一样,每一种方案都编程实现一次,然后对比每一种编程方案的执行效率,最后选择耗时最少的那一种。每个有志于提高编程技能的程序员,从使用低代码框架的第一天起,就应该立志养成这种习惯。

第3章　低弹窗 JavaScript 布局组件

低弹窗并非不弹窗,而是指尽量不弹窗,弹窗次数较以前更少。低弹窗设计来自两个方面的需求。

第一是来自屏幕变大的需求。随着屏幕越来越大、越来越宽,屏幕可以显示的内容越来越多,如果还是跟以前一样布局和弹窗,屏幕两侧会有明显的留白,这对于屏幕硬件空间来说是一种浪费,所以要对整个页面重新进行布局和设计,在一个页面内尽量显示较多的内容,减少弹窗,采用低弹窗设计有利于充分利用屏幕空间,减少无谓的切换。

第二是来自便携设备的需求。像苹果 iPad 这样的设备,使用 Safari 浏览器将网页创建为桌面快捷方式以后,打开快捷方式就会成为一个全屏应用,可以进行全屏操作。在全屏操作时要么不支持弹窗,要么对弹窗不友好。在不支持弹窗的时候不弹窗,采用低弹窗设计,就可以提高移动设备的兼容性。

所以从本章开始,我们详细讲述如何使用组件来降低代码量,实现低弹窗编程。本章先讲述布局类组件。布局类组件不是新事物,Delphi、Java、C++ 等语言都有布局类组件,但是HTML 只有布局标签 div 等,没有布局组件,JavaScript 也没有布局组件,下画线构件中的布局组件可以说弥补了这个不足。

布局组件分为三种:第一种是页面布局,封装了 HTML 的 div 标签和 table 标签实现;第二种是按钮布局,封装了 HTML 的 table 标签、button 标签和 span 标签实现;第三种是标签布局,封装了 HTML 的 table 标签和 div 标签实现。

3.1　层　组　件

这一节我们先来讲解页面布局组件,即层(layer)组件。层组件主要有两个功能,第一个功能是可以将页面分割成上下左右中的布局,这样单击中间区域的内容,左侧区域就可以显示响应结果;第二个功能是可以将若干个分割好的页面叠加到一起,在某一个时间段只显示一个页面,隐藏其他页面,这样可以模拟 window.open() 方法弹窗。层组件通过这两个功能,达到低弹窗的目的。

层

层组件的实例化调用语句如下:

```
new _.层(A,P);
```

或

```
new _.layer(A,P);
```

2.3.2 小节已经说过,每个组件都有两个参数,即"数组 A"和"枚举 P"。

3.1.1 层组件中数组 A 的结构

层组件通常是<body>里面的第一行代码,它之所以叫作"层",是因为布局可以分为多层,如可以分为 5 层,如登录页面、注册页面、主页面等,但是在显示的时候只显示一层。

使用层组件来布局,最大的优点是可以将写在多个 HTML 页面的内容集中写在一个页面中,从而减少使用 window.open()方法,也减少<a>标签的 href 属性的 target 等于_blank 的使用,不再打开新窗口,提高整个软件的运行效率。

层组件的数组 A 参数是一个二维数组,其定义语句如下:

```
var A=[["chofo",{上:48,左:100,下:48,放缩:true,顶间距:3}]],["logon",{上:"20%",
下:"50%",左:1}]];
```

从上面代码可以看出,数组 A 的每一行分为两列,第 1 列是字符串,是这个层的英文名称,也就是 HTML 标签的 id,所以该字符串必须符合 HTML 元素的 id 命名规范。

第 2 列是一个枚举对象,该枚举对象包含的全部属性及说明列表如表 3-1 所示。

表 3-1 枚举对象包含的全部属性及说明列表

中文	英文	默认值	参数说明
上	top	48	顶部高度
右	right	1	右侧宽度
下	bottom	48	底部高度
左	left	200	左侧宽度
中	center		中间分割成多行
图标	logo	{}	网站左上角或者右上角显示的图标
放缩	zoom	false	是否允许对左侧和中间区域大小进行缩放调整
顶间距	margintop	0	中间部分和顶部之间的距离
顶对齐	topalign	center	顶部内容的对齐方式
底对齐	bottomalign	center	底部内容的对齐方式

因此"["logon",{上:"20%",下:"50%",左:1}]"这一行代码的意思是:设置英文名称为 logon,页面顶部的高占整个页面的 20%,底部高占整个页面的 30%,左侧为 1 像素。

布局后的页面比例效果如图 3-1 所示。

这样布局完成以后,就会以 logon 为前缀,命名 5 个 div,名称分别如表 3-2 所示。

表 3-2 id 为 logon 的层中各 div 的 id

参数	id	说明
上	logon_top	顶部 div 的代号
下	logon_bottom	底部 div 的代号

参数	id	说　明
左	logon_left	左侧 div 的代号
右	logon_right	右侧 div 的代号
中	logon_center	中间最大的 div 的代号

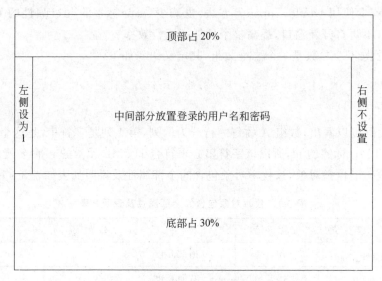

图 3-1　登录 logon 页面布局比例图

　　知道了这个 5 个 div 的 id,就可以使用第 1 章中讲的方法来获得 div 的对象以及使用 innerHTML 方法对其进行赋值。例如要在顶部放一个 logo,可以这样写:

```
_.el('logon_top').innerHTML="<img src='logo.png'>";
```

3.1.2　层组件中参数 P 的含义

　　层组件的 P 参数主要用来设置各层的外观,如有没有边框,有没有背景图片,各区域用什么颜色分割,中间区域的背景色是什么。所有 P 参数的属性如表 3-3 所示。

表 3-3　所有 P 参数的属性

中　文	英　文	默认值	参数说明
代号	id	null	组件代号
高	height	100%	布局层的高度
边框	border	0	table 的边框,调试时可以设为 1
路径	icopath	ico/	图标所在路径
图标高	icoheight	32	图标高度
背景图片	background	48	底部高度
调试	debug	false	是否调试

续表

中　文	英　文	默认值	参 数 说 明
输出	output		输出位置,默认为当前位置,也可以为一个 div 的 id,若值为 str,则返回该组件的字符串
分割色	splitcolor	♯f5f5f5	分割条的颜色
中间色	contentcolor	♯f5f5f5	中间区域的颜色

这是第一次讲解组件的 P 属性,有一些学习技巧跟大家分享一下。

3.1.6 小节会有一些代码来详细展示这些属性的用法,这里提醒各位读者,因为调试非常方便,而且很容易收到效果反馈,只要格式对,可以随意修改属性的值,如分割色默认是 ♯f5f5f5,调试时可以修改成"纯白 ♯fff,纯灰 ♯ccc",看一下效果。至于边框 border,可以从 0 改为 1,看看有无边框的区别。这种修改过程就像实验时改器材参数,只有多实验、多训练,才能更深刻地掌握组件的精妙用法。

3.1.3　层组件的公有方法

层组件有一个必须要掌握的公有方法,那就是 show 方法,当有多个层时,使用 show 方法来显示某个层,同时将其他层隐藏,如表 3-4 所示。

表 3-4　层组件的方法说明

方法名	参　数	示　例
show	层的 id	"$.主界面.show("main");"即为显示代号为 main 的层

3.1.4　案例 3-1:系统中心化布局源代码与图例

很多程序员都知道 window.open 弹窗函数不好用,所以会用 div 模拟弹窗,但是模拟弹窗仍然有窗口的特性,如右上角的叉号等,所以并非是低弹窗。真正的低弹窗是没有叉号的,是不需要关闭的。

软件信息系统最常用的布局是中心化布局,如图 3-2 所示。

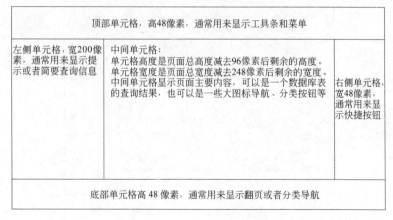

图 3-2　中心化布局

单击顶部工具条,中间区域会显示图标或者网格;单击中间的内容,左侧会显示明细。如果中间的内容太多,可以采用标签进行分类显示,右侧显示分类标签。

页面底部则显示登录信息、统计信息、搜索框等。

通过这样的布局,基本上不需要弹窗就可以实现增删改查等操作。比如,增加和修改显示在左侧,查询结果显示在中间。

遇到分类查询或者报表时,采用分类标签协助即可完成。

有人可能会问,这种布局是不是只有在显示器特别大的时候才可行? 非也。低弹窗布局带来的最佳应用体验恰恰是在平板电脑上,因为平板电脑屏幕面积较小,弹窗后的叉号通常显示不够明显,触摸互动效果差,而且全屏操作不方便。如果采用了低弹窗设计,则 Safari 浏览器就可以在桌面创建一个图标,打开以后可以全屏显示,使用这样的 Web 应用就像使用桌面应用一样方便。

兼容 iPad 等平板电脑对于 OA、ERP 等移动办公系统是非常重要的。

中心化布局代码非常简单,只需要使用 chofo 关键字定义一个层即可,如代码 3-1 所示。

代码 3-1 中心布局源代码。

```
1   $.主界面=new _.层([
2   ["chofo",{上:48,左:100,下:48,放缩:true,顶间距:3}]],
3   {代号:"P",边框:0,路径:"ico/",背景图:"image/logon.jpg"});
```

从上面代码可以看出,定义中心化布局非常简单,只需要 3 行代码,代码详细说明如下。

第 1 行代码用 new 实例化层。

第 2 行代码是定义层的数组 A 参数。

第 3 行代码是定义层的枚举 P 参数。

按照 2.2.1 小节打开在线调试控制台,将代码复制到 Console 控制台中,执行后的效果如图 3-3 所示。

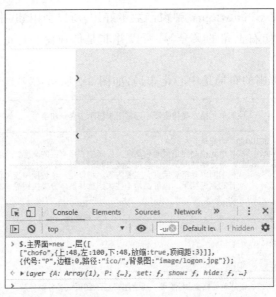

图 3-3　中心化布局效果图

　　从图 3-3 中可以看出,页面顶部和底部都用一根细线与中间分开,左侧和中间有两个箭头,单击向右的箭头,则左侧放大;单击向左的箭头,则中间区域放大。这样就实现了放缩效果。顶部和底部高 48 像素,左侧宽 100 像素,当浏览器进行放缩时,上下区域高度不变,左侧区域宽度不变,中间区域的高和宽随着浏览器放缩而放缩。布局效果符合代码预期。

　　初学者不要满足于一次性效果,可以适当改一下参数,如图 3-3 中细线的颜色使用的是默认的“分割色”属性,可以调试修改该属性,中间区域颜色不是纯白色,也可以修改“中间色”属性看看效果。

3.1.5　案例 3-2:Web 站点多层布局源代码与图例

　　除了软件信息系统,Web 站点也可以使用层组件进行布局。但是网站有时需要多层,不一定都是中心化布局,一般网站顶部较高,此时“上”可以设为 100,网站左右都有内容,此时“右”可以设为 200,这样设置后的代码如下所示。

　　代码 3-2　网站布局源代码。

```
1    $.主界面=new _.层([
2    ["goods",{上:100,左:100,右:100,下:48,放缩:false,顶间距:3,图标:{左:"logo"}}],
3    ["news",{上:100,左:200,右:200,下:48,放缩:false,顶间距:3}],
4    ["company",{上:100,左:200,右:200,下:48,放缩:false,顶间距:3}],
5    ],
6    {代号:"P",边框:0,路径:"ico/",图标高:"80"});
```

　　从上面代码可以看出,第 2~4 行每行都定义了一个层,因为 div 采用 display 显隐关系切换页面,所以这种多层布局自带访问记忆功能。所谓访问记忆,是指历史页面的访问位置是被记录的。也就是说,当页面返回时,之前滚动条滚到哪里,返回时滚动条就还在哪里;之前选中了什么内容,返回时依然选中那些内容,内容不会因为刷新而重置,在某些时候,可以大大提高友好性。

　　层组件在多层布局的情况下,初始化默认显示第 1 层。将代码复制到 Console 控制台中,在宽屏显示器下第 1 层的显示效果如图 3-4 所示。

　　图 3-4 中左上角显示网站的 logo,顶部高 100 像素,左侧宽 100 像素,没有了放缩箭头,整个显示效果符合代码预期。

3.1.6　思考题 3-1:同学录 pc.htm 的布局方法

　　同学录是一种信息系统,一般采用中心化布局,整个 pc.htm 的页面代码如下所示。

　　代码 3-3　使用层布局的 pc.htm。

```
<html><head>...
<script>
$.同学录=[$.学生.第 1 行,
["1","张三","男","20","北京","1366666666","1 班"],
["2","李四","男","20","上海","1588888888","1 班"],
["3","王花","女","19","北京","13611111111","1 班"],
["4","赵月","女","19","上海","15811111111","1 班"],
```

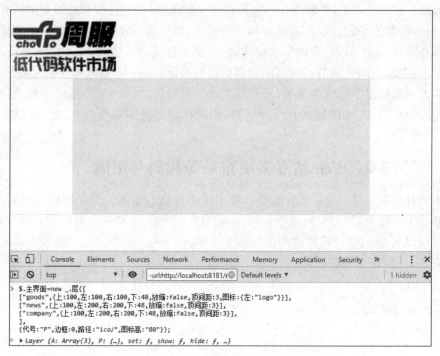

图 3-4　宽屏显示器下网站布局效果图

```
];
$.信息=function(){
...
};
</script></head><body><script>$.主界面=new _.层([
["chofo",{上:48,左:200,下:48,放缩:true,顶间距:3}]],
{代号:"P",边框:0,路径:"ico/"});</script></body></html>
```

对比之前的同学录代码,此案用层组件布局的 pc.htm 在<body>标签中增加了<script>标签,也就是说层组件输出是在<body>中。这段代码的部分内容省略了,所以代码执行结果就不截屏了,主要不是为了看代码执行结果,而是要看层的实例在<body>标签中的位置。

3.2　按　钮　组　件

按钮(buttons)组件是一个按钮阵列组件,很多按钮按照布局设定显示在按钮面板中,按钮组件的实例化调用语句如下:

```
new _.按钮(A,P);
```

或

```
new _.buttons(A,P);
```

按钮

传统所见即所得开发工具中的类似组件是 ToolBar 组件,但是 ToolBar 通常是把按钮显示在一行,这在应用大屏时是可以的,但是随着小屏便携设备流行,要想让按钮都显示在一行,就不得不缩小按钮体积,会让易用性大大下降。按钮组件就解决了这个问题,它支持将按钮分多行多列显示。

3.2.1　按钮组件中数组 A 的结构

HTML 的按钮元素通常由按钮上面的文字或者图片、按钮的背景样式属性以及单击按钮的事件组成。按钮组件既然是一个批量定义按钮阵列的组件,则必须能在数组 A 中方便定义每个按钮的属性和事件。

按钮组件的 A 参数的定义语句如下:

```
var A=[["确定",function(){alert("确定");},{图标:"ico/ok.png"}],
["取消","alert('取消');",{图标:"ico/cancel.png"}]];
```

从上面的代码可以看出,第 1 列是按钮名称,用来定义按钮上面的文字。第 2 列是提交地址或者外部可以调用的方法,或者是一段可以执行的 JavaScript 代码。也就是说,这两种定义都是可以的。第 3 列是一个枚举,可以为每个按钮定义特殊的样式,其全部属性如表 3-5 所示。

表 3-5　按钮组件参数 A 的第 3 列的属性

中文	英文	参数说明
图标	ico	按钮文字左侧的图标
确认	confirm	弹出确认对话框的文字
样式	style	以 CSS 语言定义的样式

3.2.2　按钮组件中参数 P 的含义

按钮组件参数 P 定义的是整个按钮面板的按钮阵列的样式,全部参数如表 3-6 所示。

表 3-6　按钮组件参数 P 的全部参数

中文	英文	默认值	参数说明
代号	id	null	组件代号
边框	border	0	边框
背景色	bgcolor	灰色	背景色
圆角	radius	0	圆角
列数	col	A.length	每行显示的图标数,默认为全部
分割色	splitcolor		行与行分割的颜色,默认为透明
行高	lineheight	48	每个按钮所在行的高度
列宽	colwidth		每个按钮所在列的宽度

续表

中 文	英 文	默认值	参 数 说 明
宽度	width		整个按钮组件面板的宽度
图标路径	icopath		相对或绝对路径,需要以反斜线"/"结尾
图标宽度	icowidth		注意不需要定义图标高度
选中颜色	selcolor		当按钮被单击后的颜色
显示	show		默认为全部显示
后缀	fixed		url 的参数后缀
图文间隔	space		图标和文字之间的间隔符,默认为全角空格
调试	debug	false	是否调试
输出	output		输出位置,默认为当前位置,也可以为一个 div 的 id,若值为 str,则返回该组件的字符串
追加	added	null	是否以追加的方式输出,默认为覆盖方式

当为按钮组件定义了代号 id 以后,每一个组件中的每一个按钮也会被赋予 id,采用 2.6.1 小节介绍的 _.el(id)即可获得按钮元素。每一个按钮 id 的定义规则如下:

id+"_"+按钮下标

因为数组下标从 0 开始,按钮组件为 b 的第 1 个按钮的 id 是 b_0,第 2 个按钮的 id 是 b_1,以此类推。

3.2.3　按钮组件的公有方法

按钮组件是低弹窗的,所以每一个按钮后面还会跟一个隐藏的列,如果单击某按钮后,显示的内容非常少,则直接在紧跟的隐藏列中显示即可,这个隐藏列的 id 就是按钮的 id+"_hide",也就是说,如果按钮组件为 b 的第 1 个按钮的 id 是 b_0,则紧跟它的隐藏列为 b_0_hide。对隐藏列操作方法如表 3-7 所示。

表 3-7　按钮组件的方法说明

方法名	参　数	示　例
show	按钮的 id	$.按钮.show("b_0");
hide	按钮的 id	$.按钮.hide("b_0");
showTr	按钮的 id	$.按钮.showTr("b_0");
hideTr	按钮的 id	$.按钮.hideTr("b_0");

后面会结合数组 A 和参数 P,用详细代码解释这些方法的使用。

3.2.4　按钮触摸或者单击事件

HTML 5 增加了对触摸设备的支持,但是触摸响应时间不同,如果要反应快,最好使用

ontouch 事件。但是这会丧失设备兼容性，所以不能在非触摸设备上使用。事件名称和执行顺序如表 3-8 所示。

表 3-8　事件名称和执行顺序

事件名称	说　　明	顺序
onclick	左击	5
onmousedown	鼠标左键按下	3
onmouseup	鼠标左键弹起	4
ondblclick	鼠标左键双击	6
ontouchstart	触摸开始	1
ontouchend	触摸结束	2

解决设备兼容性的方法是先判断设备类型，如果是 iPad、iPhone、Android 设备，则使用 ontouch 事件；否则使用 onclick 事件。

3.2.5　案例 3-3：按钮组件对一行按钮布局

当按钮数量比较少的时候，按钮大多在一行显示，这里举一个"确定"和"取消"按钮的例子，代码如下所示。

代码 3-4　一行按钮的布局。

```
1   new _.层([["chofo",{上:100,左:200,下:48,放缩:true,顶间距:3}]],{代号:"P",边框:0});
2   var A=[["确定",function(){alert("你单击了确定按钮");},{图标:"ico/ok.png"}],
3   ["取消","alert('你单击了取消按钮');",{图标:"ico/cancel.png"}]];
4   new _.按钮(A,{代号:"",输出:"chofo_left",宽:100,图标宽度:20});
```

第 1 行实例化了一个层组件，数组 A 和参数 P 都写在了同一行。

第 2、3 行定义了按钮的数组 A。

第 4 行实例化按钮组件，注意按钮组件的输出属性是 chofo_left，其含义是将两个按钮输出在层的左侧。

从上面代码可以看出低代码的特色，就是代码很少，因此方便在 Console 控制台中调试。将代码复制到 Console 控制台中，执行效果如图 3-5 所示。

从图 3-5 中可以看出，带图标的"确定"和"取消"按钮显示在层的左侧，单击"确定"按钮以后，会弹出一个提示框，说明按钮的单击事件获得了响应，也说明整个显示执行效果符合代码预期。

3.2.6　思考题 3-2：实现美团的多行按钮阵列布局

美团是一个本地生活应用，按钮非常多，为了方便演示，相关图标已经上传到 www.chofo.com 中 demo 目录的 ico 目录下，本小节我们就来实现一下美团的按钮阵列。

代码 3-5　用按钮组件实现美团按钮阵列源代码。

```
1       new _.层([["chofo",{上:1,左:1,下:1,顶间距:3}]],{代号:"P",边框:0});
```

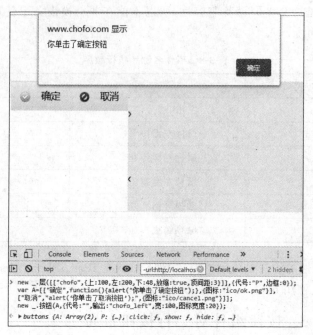

图 3-5　按钮组件实现一行按钮

```
2       var A=[["外卖",function(){alert("你单击了外卖按钮");},{图标:"ico/1.
        png"}],
3       ["美食","alert('你单击了美食按钮');",{图标:"ico/2.png"}],
4       ["酒店","alert('你单击了酒店按钮');",{图标:"ico/3.png"}],
5       ["玩乐","alert('你单击了玩乐按钮');",{图标:"ico/4.png"}],
6       ["电影","alert('你单击了电影按钮');",{图标:"ico/5.png"}],
7       ["领福利","alert('你单击了领福利按钮');",{图标:"ico/6.png"}],
8       ["买菜","alert('你单击了买菜按钮');",{图标:"ico/7.png"}],
9       ["超市","alert('你单击了超市按钮');",{图标:"ico/8.png"}],
10      ["买药","alert('你单击了买药按钮');",{图标:"ico/9.png"}],
11      ["医疗","alert('你单击了医疗按钮');",{图标:"ico/10.png"}],
12      ["优选","alert('你单击了优选按钮');",{图标:"ico/11.png"}],
13      ["领水果","alert('你单击了领水果按钮');",{图标:"ico/12.png"}],
14      ["领现金","alert('你单击了领现金按钮');",{图标:"ico/13.png"}],
15      ["跑腿","alert('你单击了跑腿按钮');",{图标:"ico/14.png"}],
16      ["美发","alert('你单击了美发按钮');",{图标:"ico/15.png"}],
17      ];
18      new _.按钮(A,{代号:"meituan",输出:"chofo_center",图标宽度:32,列数:5,行高:64,
19      图文间隔:"<br>"});
```

第 1 行仍然是层组件的实例化。

第 2～17 行定义了 15 个按钮。

第 18 行实例化按钮组件。

第 19 行定义了按钮 P 参数的"图文间隔"属性,
是一个 HTML 标签,它的含义是换行,通过这个标签,就把文字从右侧移动到了图标的下方。

上面的代码虽多,但大多数都是定义按钮的必要代码,没有 HTML 代码,也没有因为按钮多需要用 JavaScript 写 for 循环,这就是低代码的特色。将代码复制到 Console 控制台中,代码执行结果如图 3-6 所示。

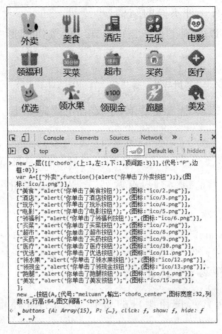

图 3-6　钮组件实现美团按钮阵列效果图

从图 3-6 中可以看出,按照参数设置,将 15 个按钮分 5 列显示,文字和图标因为使用了
 进行分割,文字移动到了图标的下面,单击图标或者文字,都可以弹出提示框,说明无论是单击图标还是文字,都获得了响应。整个界面和执行效果符合预期。

读者在调试的时候,可以把列数从 5 改成 3,看一看效果,当然也可以改动其他参数,如行高或者列宽,对比一下改动后的布局变动,以便于掌握在不同宽度的屏幕下如何对按钮阵列进行布局。

3.3　工具条组件

工具条(toolbar)组件是一种将所有按钮都显示在一行的组件。其部分功能用按钮组件也可以实现,比如 3.2.5 小节的按钮数组也可以将按钮布局在一行显示。但是实现同样功能,工具条的代码更加简单,另外工具条组件还能实现按钮组件实现不了的功能,如二级菜单等。在具体布局时,要结合不同的业务需求,采用相应的组件实现特定的功能。

工具条

工具条组件的实例化调用语句如下:

```
new _.工具条(A,P);
```

或

```
new _.toolbar(A,P);
```

3.3.1 工具条组件中数组 A 的结构

工具条组件的数组 A 有三种不同的结构。

第一种是一维数组,可以实现类似 3.2.1 小节一行按钮的形式,但是代码更少。定义语句如下:

```
var A=["学院","系","专业","班级","学生","教师","课程"];
```

第二种是二维数组,可以实现二级菜单,定义语句代码如下:

```
var A=[["机构","学院","系","专业","班级"],
["人员","学生","教师","职工"],["培养计划","课程","教材","课程表"]];
```

第三种也是二维数组,但是每一行只有两列,第 2 列跟按钮组件的数组 A 结构相同,代码如下:

```
var A=[["确定",function(){alert("确定");}],["取消","alert('取消');"]];
```

3.3.2 工具条组件中参数 P 的含义

工具条组件的参数 P 包含了按钮组件的所有属性,另外还定义了几个新的属性,已经用黑体标出,如表 3-9 所示。

表 3-9 工具条组件参数 P 的属性

中 文	英 文	默认值	参 数 说 明
代号	id	null	组件代号
网格	grid	{}	工具条操作的网格或者列表对象
对象	obj	工具条	工具条对应的枚举名称
参数	param		向方法传递的参数
边框	border	0	边框
背景色	bgcolor	灰色	背景色
圆角	radius	0	圆角
列数	col	A.length	每行显示的图标数,默认为全部
分割色	splitcolor		行与行分割的颜色,默认为透明
行高	lineheight	48	每个按钮所在行的高度
列宽	colwidth		每个按钮所在列的宽度
宽度	width		整个按钮组件面板的宽度
图标路径	icopath		相对或绝对路径,需要以反斜线"/"结尾
图标宽度	icowidth		注意不需要定义图标高度

续表

中　文	英　文	默认值	参　数　说　明
选中颜色	selcolor		当按钮被单击后的颜色
显示	show		默认为全部显示
后缀	fixed		url 的参数后缀
图文间隔	space		图标和文字之间的间隔符,默认为全角空格
调试	debug	false	是否调试
输出	output		输出位置,默认为当前位置,也可以为一个 div 的 id,若值为 str,则返回该组件的字符串
追加	added	null	是否以追加的方式输出,默认为覆盖方式

表 3-9 中的"网格"属性也是枚举属性,它有两个属性,如表 3-10 所示。

表 3-10　网格属性的属性

中文	英文	参　数　说　明
数组	array	工具条要读取的数组
行	row	工具条要读取的数组的行

　　工具条数组的参数略微有些复杂,不太容易理解,等讲到第 4 章时,再结合具体的案例代码详细进行讲解,这里先做一个字典列表,方便对照阅读。

3.3.3　案例 3-4:顶部工具条与单击事件的源代码与图例

　　信息系统的顶部通常显示一个工具条,本小节就来建立一个学校信息管理系统的工具条。代码如下所示。

代码 3-6　学校信息系统的顶部工具条代码。

```
1   new _.层([["chofo",{上:48,左:200,下:48,放缩:true,顶间距:3}]],{代号:"P",边框:0});
2   $.工具条={
3       学院:function(){alert("学院");},
4       系:function(){alert("系");},
5       专业:function(){alert("专业");},
6       班级:function(){alert("班级");},
7       学生:function(){alert("学生");},
8       教师:function(){alert("教师");},
9       课程:function(){alert("课程");},
10  };
11  new _.工具条(["学院","系","专业","班级","学生","教师","课程"],
12  {代号:"toolbar",输出:"chofo_top",无图标:true,选中颜色:"#4b72a5,#4b72a5"});
```

第 1 行例行实例化层组件布局。
第 2 行定义了一个叫作"工具条"的枚举,注意此处不可以叫作其他名字。

第 3～10 行定义了工具条按钮的响应事件。

第 11 行实例化工具条,定义了工具条的数组 A 参数,此时的数组 A 是一维数组。

第 12 行定义了枚举 P 参数,注意其输出的是 chofo_top,意即输出在层的顶部。

将代码复制到 Console 控制台中,执行后的效果如图 3-7 所示。

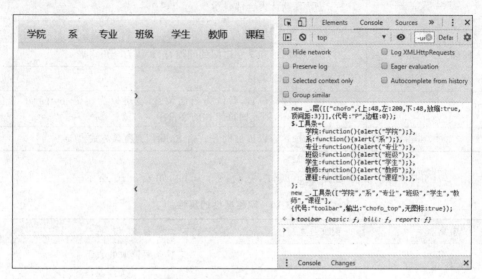

图 3-7　顶部工具条输出结果

图 3-7 中的工具条显示在页面顶部,工具条按钮是可以单击的,单击"学院",弹出对话框中有"学院"二字;单击"班级",弹出对话框中有"班级"二字;单击"学生",弹出对话框中有"学生"二字。显示效果和执行事件符合代码预期。

3.3.4　案例 3-5：低弹窗、低单击的二级菜单

复杂的信息系统往往有二级菜单,单击一级菜单后,会弹出二级下拉菜单。周服的这套低代码、低弹窗 AI 的二级菜单不弹出,而是放在屏幕最左侧。这个设计是因为现在屏幕大多数是宽屏的,在最左侧放置菜单,可以有效利用屏幕面积,而且不会像下拉菜单那样,单击一下就会消失,放在最左侧,有利于实现低单击,实现快速切换。低弹窗、低单击的二级菜单代码如下所示。

代码 3-7　低弹窗、低单击的二级菜单。

```
1    new _.层([["chofo",{上:48,左:200,下:48,放缩:true,顶间距:3}]],{代号:"P",边框:0});
2    $.工具条={
3        机构:{
4            学院:function(){alert("学院");},
5            系:function(){alert("系");},
6            专业:function(){alert("专业");},
7            班级:function(){alert("班级");},
8        },
9        人员:{
10           学生:function(){alert("学生");},
11           教师:function(){alert("教师");},
```

```
12          职工:function(){alert("职工");},
13      },
14      培养计划:{
15          课程:function(){alert("课程");},
16          教材:function(){alert("教材");},
17          课程表:function(){alert("课程表");},
18      },
19  };
20  new _.工具条([["机构","学院","系","专业","班级"],
21  ["人员","学生","教师","职工"],
22  ["培养计划","课程","教材","课程表"]],
23  {代号:"toolbar",输出:"chofo_top",无图标:true});
```

第 1 行实例化层组件时,将左侧宽度定义为 200。

第 2 行依然是定义工具条枚举。

第 3 行定义机构枚举,说明是主菜单。

第 4～7 行定义方法,说明是子菜单的响应事件。

第 9 行定义人员枚举,是主菜单。

第 10～12 行定义方法,是子菜单的响应事件。

第 14 行定义培养几乎枚举,是主菜单。

第 15～17 行定义方法,是子菜单的响应事件。

第 20 行实例化工具条,注意数组 A 参数是二维数组。

第 21、22 行各定义了二维数组的一行,每一行的第 1 列是主菜单。

第 23 行定义工具条组件的枚举 P 参数。

上面的代码仅使用枚举和数组就分清楚了主菜单和子菜单,代码简洁,实现了低代码的目标。将代码复制到 Console 控制台中,执行后的效果如图 3-8 所示。

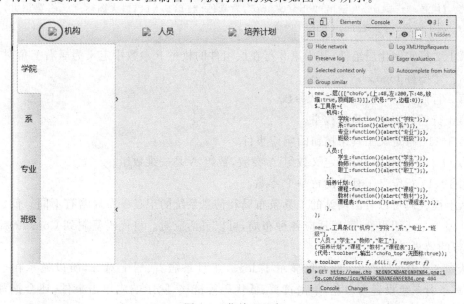

图 3-8　菜单工具条

在图 3-8 中单击"机构",屏幕左侧会出现包含"学院""系""专业""班级"项目的二级菜单,单击"人员",屏幕最左侧会出现包含"学生""教师""职工"项目的二级菜单,单击二级菜单,会显示对应的对话框,表明该二级菜单的单击事件获得了响应。主菜单的响应事件没有定义,默认响应为显示子菜单,子菜单事件按照定义显示响应结果,整个效果符合代码预期。

需要指出的是,对于有二级菜单的工具条,即使声明了无图标,依然会出现图标没有找到提示,此时必须先在 lg.js 中建立工具条按钮名称的中英文映射关系,然后在 ico 文件夹下存放对应的以英文命名的 png 图标文件。

3.3.5　思考题 3-3:网站的导航栏

除了信息系统,网站也可以使用工具条组件,不过网站的布局跟信息系统略有不同,网站通常左上角需要显示一个大的公司图标 logo,右侧才是工具条,如周服公司官网就使用了层和工具条组件进行布局,网站的布局代码简化后如代码 3-9 所示。

代码 3-8　网站的工具条。

```
1    new _.层([[["chofo",{上:100,左:200,下:48,放缩:true,顶间距:3,
2        顶对齐:"right'valign='top",图标:{左:"logo"}}]],
3    {代号:"P",边框:0,路径:"ico/",图标高:80});
4    $.工具条={
5        首页:function(){alert("首页");},
6        产品:function(){alert("产品");},
7        方案:function(){alert("方案");},
8        定制开发:function(){alert("定制开发");},
9        低代码:function(){alert("低代码");},
10   };
11   new _.工具条(["首页","产品","方案","定制开发","低代码"],
12   {代号:"toolbar",输出:"chofo_top",背景色:"#fff,#fff",无图标:true,宽:100,
13   选中颜色:"#f5f5f5,#f5f5f5"});
```

第 1、2 行实例化层组件,其中第 2 行在层组件的枚举 P 参数中定义为居右上角对齐,左侧显示一个图标 logo。

第 3 行照例定义层组件的 P 参数。

第 4 行照例定义工具条枚举。

第 5~10 行定义工具条按钮的响应事件。

第 11 行实例化工具条,定义数组 A 参数,数组 A 是一维数组。

第 12、13 行定义工具条的枚举 P 参数。

从上面代码可以看出网站的工具条布局和信息系统的工具条布局略有不同。低代码布局组件因为是通用组件,所以适应各种布局,可以灵活应对。将代码复制到 Console 控制台中,执行的效果如图 3-9 所示。

从图 3-9 中可以看出,左上角显示了 logo,工具条居右、居上对齐,所以显示在了右上角,工具条背景色设置为白色,单击首页、低代码等链接,除了响应单击事件,还会把背景色转换为浅灰色,以表明切换到了当前页。

图 3-9　带 logo 和工具条的网站布局

3.4　标　签　组　件

标签(tabs)组件是一种可以低弹窗切换内容的组件,由标签和标签内容组成。标签组件是一个老牌组件,几乎所有所见即所得的开发工具都集成了这个组件。

标签组件可以独立使用,也可以跟其他组件混合使用,3.3.6 小节的工具条二级菜单就是一种标签组件。标签组件的实例化调用语句如下:

标签

```
new _.标签(A,P);
```

或

```
new _.tabs(A,P);
```

3.4.1　标签组件中数组 A 的结构

标签组件的数组 A 也是一个二维数组,但它有两种结构。

第一种结构的数组 A 通常有两列,第 1 列是标签名称,第 2 列是一个枚举,枚举的属性如表 3-11 所示。

63

表 3-11　标签组件数组 A 的第 2 列的属性说明

中　文	英　文	参　数　说　明
内容	content	某个标签的内容
图标	ico	标签前面的图标
图标高	icoheight	图标的高度

常见的数组 A 的代码如下:

```
var A=[["美食",{内容:"这里是一堆令人垂涎欲滴的美食。"}],
      ["酒水",{内容:"这里是令人醉生梦死的美酒。"}];
```

第二种结构中数组 A 通常是一个树形结构数组。所谓树形结构,是指数组的某一列像树枝,还有一列像树叶,因为树叶是长在树枝上的,所以树叶列通常是属于树枝列的。

组织结构数组就是这样的树形结构数组,如在一个数组中,某一列是学院,另外一列是系,系是属于学院的,就像树叶长在树枝上。代码如下:

```
var A=[["序列","学院","系"],
      ["1","电子信息学院","软件系"],
      ["2","电子信息学院","硬件系"],
      ["3","电子信息学院","网站系"],
      ["4","经济贸易学院","国内贸易系"],
      ["5","经济贸易学院","国际贸易系"],
      ["6","金融学院","证券系"],
      ["7","金融学院","银行系"]];
```

在这个数组中,第 2 列是树枝,包含第 3 列的系。

3.4.2　标签组件中参数 P 的含义

参数 P 定义的是整个标签面板的样式,通过参数设置,可以将标签放在内容上、下、左、右各个位置,可以增加选择框作为查询条件,全部参数 P 的属性如表 3-12 所示。

表 3-12　全部参数 P 的属性

中　文	英　文	默认值	参　数　说　明
代号	id	null	组件代号
边框	border	0	边框宽度
背景色	backcolor	灰色	背景色
圆角	radius	0	标签的圆角像素值,0 表示不是圆角
行高	lineheight	48	标签横向排列时的高度
列宽	colwidth	48	标签纵向排列时的宽度
选择框	checkbox	null	用来过滤数据的选择框
选择框事件	onchange		类型为方法,当选择框更换时被激活

续表

中　文	英　文	默认值	参　数　说　明
选中	checked		默认选中的选择框
调试	debug	false	是否调试
输出	output		输出位置,默认为当前位置,也可以为一个 div 的 id,若值为 str,则返回该组件的字符串
追加	added	null	是否以追加的方式输出,默认为覆盖方式

下画线构件中的标签组件与其他开发工具的 tab 组件类似,包含标签和内容两部分,单击标签,即可显示相应的内容。标签的位置可以在内容的上、下、左、右侧。

当为标签定义了 id 以后,各个标签和标签的内容显示区域也会被赋予 id,如果 id 为 tab,则内容区域的 id 为 tab_content,而各个标签被赋予 id 的规律如下:

id+"_"+标签数组下标

因为数组下标从 0 开始,标签组件为 tab 的第 1 个按钮的 id 是 tab_0,第 2 个按钮的 id 是 tab_1,以此类推。

3.4.3　标签组件设置 click 事件

标签组件的 click 事件以方法的形式传递,该方法有三个参数,如表 3-13 所示。

表 3-13　标签组件 click 方法的参数

参数名	含　　义
i	选中的标签数组下标
src	选中的标签
B	A 数组的指针

有了这三个方法,当单击标签时,就可以获得单击标签的数组内容。例如:

function(I,src,B){alert(B[i];)

这段代码的意思是:弹出对话框,对话框中显示标签数组选中的第 i 行的内容。

3.4.4　标签组件的公有方法

标签组件有两个重要的公有方法,即 setContent()和 getSelect()方法,如表 3-14 所示。

表 3-14　标签组件的重要公有方法

方法名	参数	说　　明
setContent	str	设置标签中间内容区域的显示内容
getSelect		获得全部选中的选择框

3.4.5 案例 3-6：实现带选择框的标签布局

普通的选择框布局在 3.3 节工具条的二级菜单那里已经讲过,本小节来做一个代选择框的标签布局,代码如下所示。

代码 3-9 可以进行男女选择的班级标签。

```
1   new _.层([["chofo",{上:1,左:1,下:1,放缩:true,顶间距:3}]],{代号:"P",边框:0});
2   new _.标签([["一班"],["二班"],["三班"]],
3   {debug:false,代号:"meal",输出:"chofo_center",内容位置:"bottom",
4   选择框:["男","女"],选择框事件:"alert(this.value);"},
5   function(i,src,B){alert(B[i]);});
```

第 1 行实例化层,左侧宽度设为 1,表示不显示内容。

第 2 行实例化标签组件,并定义数组 A 参数。

第 3 行定义标签组件枚举 P 参数,输出为 chofo_center,意即层的中间区域。

第 4 行定义标签组件的选择框和选择框事件。

第 5 行定义标签组件的切换标签时的响应事件。

从上面代码可以看出,实例化一个标签组件的代码只有几行,这是低代码的典型特征。将代码复制到 Console 控制台中,执行的效果如图 3-10 所示。

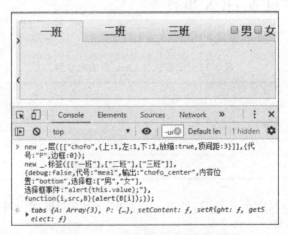

图 3-10 带选择框的标签布局

从图 3-10 中可以看出,"班级"标签的右侧有"男""女"两个选择框,这种选择框通常是作为查询过滤条件的,单击选择框和切换标签,都会弹出提示框,表明单击和选择事件得到了响应。第 4 章讲解了网格和列表显示组件后,搭配使用即可实现内容的过滤查询、显示。总之整个显示效果和事件响应符合代码预期。

3.4.6 案例 3-7：使用标签嵌套实现两层标签

实际应用时,有时会遇到两层或者多层标签的需求,如学校食堂的菜谱,每周每天的早、中、晚餐都是不同的,如果要设置每天的菜谱,用 Excel 排版,只能做一层 sheet 标签,但是使用标签组件,就可以做两层标签,实现代码如下所示。

代码 3-10　两层标签实现食堂的早、午、晚餐不同的菜谱布局。

```
1    new _.层([["chofo",{上:1,左:1,下:1,放缩:true,顶间距:3}]],{代号:"P",边框:0});
2    new _.标签([["早餐"],["午餐"],["晚餐"]],
3        {debug:false,代号:"meal",输出:"chofo_center",内容位置:"bottom"},
4        function(I,src,B){
5            new _.标签([["周一"],["周二"],["周三"],["周四"],["周五"],["周六"],["周日"]],
6                {代号:"weekday",输出:"meal_content",行高:64,内容位置:"right"},
7                function(j,src1,B1){});
8        });
```

第 1 行实例化层组件。

第 2 行实例化标签组件,定义数组 A 参数。

第 3 行定义第 1 层标签组件枚举 P 参数,代号为 meal,输出位置为 chofo_center,是层组件的中间区域。

第 4 行开始定义标签组件的响应事件方法。

第 5 行定义第 2 层标签组件,注意第 2 层标签组件写在第 1 层组件的响应事件方法中。

第 6 行定义第 2 层组件的枚举 P 参数,其输出位置为 meal_content,注意 meal 是第 1 层组件的代号。

第 7 行定义第 2 层组件的响应事件方法。

第 8 行结束定义第 1 层组件的响应事件方法。

代码 3-10 用了 8 行代码实现了两层标签,是低代码,将代码复制到 Console 控制台中,执行的效果如图 3-11 所示。

图 3-11　两层标签

从图 3-11 中可以看出,第 1 层标签组件是标签在上、内容在下,第 2 层标签组件是标签在左、内容在右。因为第 2 层的标签实例是写在第 1 层标签的 click 事件中,所以每次单击第 1 层标签,第 2 层标签的所有内容都会重置,这样就实现了两层标签的联动。整个显示效果和事件响应效果符合代码预期。

3.4.7　思考题 3-4:从树形结构数组创建两层标签

除了嵌套方法,前面说到树形结构数组也可以创建两层标签,那应该怎么实现呢?其实非常简单,就是将"列"属性和"内容位置"属性定义成数组即可,这两个数组的第 1 列就是第 1 层标签需要用到的"列"和"内容位置",第 2 列就是第 2 层标签用到的"列"和"内容位置",代码如下所示。

代码 3-11　从树形结构数组创建两层院系标签。

```
1   new _.层([["chofo",{上:1,左:1,下:1,放缩:true,顶间距:3}]],{代号:"P",边框:0});
2   var t_school_grid=[["序列","学院","系"],
3   ["1","电子信息学院","软件系"],
4   ["2","电子信息学院","硬件系"],
5   ["3","电子信息学院","网站系"],
6   ["4","经济贸易学院","国内贸易系"],
7   ["5","经济贸易学院","国际贸易系"],
8   ["6","金融学院","证券系"],
9   ["7","金融学院","银行系"]];
10  new _.标签(t_school_grid,
11  {代号:"k",输出:"chofo_center",列:[1,2],列宽:120,内容位置:["bottom","right"]},
12  function(I,src,B){});
```

第 1 行照旧定义层组件。

第 2 行定义了 t_school_grid 数组,意味着该数组是从数据库的表中读出的,即数据可以动态修改。

第 3~9 行都是 t_school_grid 数组的内容。

第 10 行实例化标签组件,定义数组 A 参数。

第 11 行定义标签组件的枚举 P 参数,列属性的数组 1 和 2 表示第 1 层标签使用数组 A 参数的第 1 列,第 2 层标签使用数组 A 参数的第 2 列,内容位置数组表示第 1 层标签的内容在 bottom,即在下;第 2 层标签内容在 right,即在右。

第 12 行定义第 2 层标签的响应事件。

如果剔除从数据库中读出的动态代码,代码 3-11 只剩 4 行代码,比 3.4.6 小节的代码还少,说明两层标签用低代码很容易实现,将代码复制到 Console 控制台中,执行的效果如图 3-12 所示。

从图 3-12 中可以看出,数组第 1 列创建的第 1 层学院标签在上方,数组第 2 列创建的标签在左侧。单击第 1 层标签,第 2 层标签会同步发生变化。例如,单击"电子信息学院",会显示"软件系""硬件系"和"网站系";单击"经济贸易学院",会显示"国内贸易系"和"国际贸易系",说明数据都是从数组 A 参数中关联读取的,也说明显示效果、计算结果和响应事件符合代码预期。

图 3-12 两层院系标签输出结果

3.5 小   结

本章主要介绍了四种布局组件,即层、按钮、工具条和标签,以及这四种组件的数组 A、参数 P 和 click 事件的用法。本章列举了源代码事例解释了第 2 章提出的低弹窗、低跳转框架的具体实现方式。

本章只是讲述布局,而布局的区域里面没有内容,显得有点空,第 4 章要使用网格和列表组件给这些区域填写内容,实现布局组件与显示组件的互动,整个页面就会显得丰富和生动。

第 4 章　计算前置的 JavaScript 显示组件

计算前置是指将本来放在后端的计算,挪到前端进行计算。

在 2000 年前后,Sun 公司的 CEO 施密特提出网格计算,后来他改任 Google 公司 CEO,为避免侵犯老东家权益,2006 年将网格计算改名为云计算。所以,云计算的前身是 Sun 公司的网格计算,二者都是把"像使用电力一样使用算力"作为算力目标。

这个算力目标的含义是:我们日常使用的电力都是从发电厂集中发出的,家庭终端并不进行电力存储,云计算和网格计算的算力目标也类似,大部分计算放在服务器端,客户端只进行少量计算,所以客户端叫作瘦客户端。

这种算力部署方式的优点是算力可以集中管理,缺点是云中心需要投入巨大成本购买服务器,支付场地费、电费、人工费等成本巨大的费用。

2006 年时,锂电池、钠电池的储能量较低,成本较高,电力的终端存储非常昂贵,所以施密特才将算力和电力类比,然而随着储能技术的提高,电力存储方式即将发生革命,家庭储能将在未来几年走进千家万户;与此同时,随着客户端硬件配置越来越高,一台手机的算力已经超过阿波罗登月飞船的算力。计算前置也逐渐变得可能。

计算前置将某些在云服务器上进行的计算,移至终端用户的手机、平板电脑或者 PC 上进行,充分利用客户端的算力,可以节省云服务器的算力,从而降低云服务器的计算成本,这时客户端就变成了富客户端。

在第 1 章曾经讲过用 HTML 来显示数据,并通过 JavaScript 编程将同学录用电子表格的形式显示出来。这是一种最基础的显示方式,编程量大,处理大数据时需要大量的 for 循环。本章要讲解的四个低代码显示组件,即网格(grid)、列表(list)、幻灯片(pps)和播放器(player)组件的最大特点是可以批量处理大量数据,可以直接从浏览器缓存中读取数据,不再向服务器端查询,从而节省了服务器端交互,实现富客户端计算前置的目标。

低代码显示组件能够从浏览器的缓存中批量处理数据的巧妙之处在于,组件类的第一个参数 A 是一个二维数组,这个数组的数据通常是从关系型数据库中动态读出来的,读出来以后就放在前端浏览器缓存中,为计算前置提供了必要条件。

为演示方便,本章模拟构造关系型数据,等后续章节再讲解如何跟后端交互。

4.1　网　格　组　件

网格组件是以电子表格形式来展示数据,组件拥有表头、内容区域、行标识、表尾等显示区域,隔行颜色不同,还有单击表头排序功能、多选功能和统计功能。因为网格组件能非常

方便地映射关系型数据库的表或者视图的内容,所以在实际应用中非常常见。网格组件共有三个参数,它的实例化调用语句如下:

```
new _.网格(A,P,click);
```

或

```
new _.grid(A,P,click);
```

网格

4.1.1　网格组件中数组 A 的结构

网格组件的参数 A 是一个二维数组,第一行为表头,其他行为表的内容,例如定义 A 变量可以使用以下代码。

```
var A=[["序列","名称","单位","价格","分类"],
["1","青岛啤酒","瓶","10","啤酒"],
["2","北京烤鸭","只","100","熟食"],
...(此处省略 98 行数据)
["100","餐巾纸","包","1","消费品"],
["101","纸篓","个","6","用具"]];
```

上面代码中第 1 行表头有 5 列,其他行内容也有 5 列,也就是说第 1 行和其他行列数相同。但是以后编程中,为了计算需要,有可能出现第 1 行列数小于其他内容行列数的情况,此时网格组件的处理方式是:超出的列数不显示;反之,如果内容列数小于表头列数,则内容列显示为空。

上面代码中数组 A 的第 1 行是标准的一维数组,也就是说每列是一个字符串,此时网格组件会显示一维表头。如果第 1 行不是一维数组,也就是说某一列不是字符串,而是一个数组,则网格会显示两层表头,两层表头的数组 A 定义变量的代码示例如下:

```
var A=[["序号","物品","单位",
["期初存货","数量","单价","合计"],
["本期入库","数量","单价","合计"],
["本期出库","数量","单价","合计"],
["本期结余","数量","单价","合计"]];
```

二维表头的显示样式会在 4.1.6 小节进行详细介绍,这里不再赘述。

4.1.2　网格组件中参数 P 的含义

网格组件 P 参数是一个枚举,表 4-1 是枚举参数 P 的全部属性说明。

表 4-1　枚举参数 P 的全部属性说明

中　文	英　文	默认值	说　　　明
代号	id		组件代号,不能为空,值必须为英文
图片路径	imgpath		图片列需要加上此路径

中 文	英 文	默认值	说 明
只显示	onlyshow	null	显示的列,是一个由列下标组成的数组,如"只显示:[0,1,2]"即为只显示 0、1、2 这 3 列
列宽	colw		类型为数组,与 A 的第一行是一一对应关系
背景色	bgcolor	#f8f9fb	隔行背景色
顶部颜色	headcolor	灰色	有绿色、蓝色、蓝绿等颜色可选
边框	border	1	表格的边框宽度
统计	total	null	类型为数组,需要进行统计的列,如"统计:[4,5]"即为统计第 4 列和第 5 列
每页	perpage		每页显示的行数,默认为全部
分类	sort	null	用来分类的列
分类宽	sortw	48	分类标签宽
分类高	sorth	48	分类标签高
内容位置	content	right	内容和标签的相对位置,有 left、top、bottom 可选
首字	first		分类时只显示分类前几个字,通常是第一个
查询条件	filter	null	类型方法,设置数据查询条件的方法
调试	debug	false	是否调试
选中颜色	selcolor		选中行的颜色
输出	output		输出位置,默认为当前位置,也可以为一个 div 的 id,若值为 str,则返回该组件的字符串
追加	added	null	是否以追加的方式输出,默认为覆盖方式

当为网格组件定义了代号 id 以后,每一个组件中的每一个单元格也会被赋予 id,采用 2.6.1 小节介绍的_.el(id),即可以获得单元格对象。每一个单元格 id 的定义规则如下:

id+"_"+数组行下标+"_"+列下标

网格组件的 P 参数的属性非常多,而且有些属性本身就是数组、枚举或者方法,有必要挑出来详细讲解一下。

1. 只显示某些列

只显示 onlyshow 属性表示只显示某些列。后端 JSP 页面有时候查询的内容过多,前端限于屏幕宽度显示不下,则可以选择只显示某些列。因为列的下标是从 0 开始的,所以一个只显示第 0、1、2 列的 A 数组的"只显示"属性可以定义为"只显示:[0,1,2]"或者"onlyshow:[0,1,2]"。

2. 统计功能

网格组件的一些纯数字列,如数量、金额等通常都需要进行统计,此时就需要使用 total 属性进行标识。与"只显示"的定义类似,一个统计第 3、5 列的 A 数组的"统计"属性可以定义为"统计:[3,5]"或者"total:[3,5]"。

3. 分类显示功能

网格可以和标签 tabs 结合使用,实现分类网格显示效果。代码非常简单,只需要在参数里面增加分类声明即可,如第 18 列是分类列,标签在上、内容在下,可以定义属性"分类：18,内容位置："bottom",分类高：60,分类宽：120",或者使用英文定义,这里不再赘述。

4. 条件查询

几十万条 JavaScript 以纯文本方式存储的关系型数据往往只有十几兆比特,如果字段少一点,有可能只有几兆比特,如果一次性传输到前端,那么查询就可以全部在前端完成,这样就可以实现计算前置。网格组件就是利用这个原理,在客户端完成了条件查询。条件查询是一个方法,如果符合条件就返回 true;否则返回 false。如果所有内容都返回,查询条件可以为空,或者写作"查询条件：function(i){return true;}"。

4.1.3　网格组件设置 click 事件

网格组件的 click 事件与标签组件一样,也以方法的形式传递,不过参数较多,网格组件的 click 方法有五个参数,如表 4-2 所示。

表 4-2　网格组件 click 方法的参数

参数名	含　义
i	选中的行数
src	选中的单元格
hidehr	隐藏的行
j	选中的列数
B	A 数组的指针

这五个方法的 i、src 和 B 的含义和用法与标签组件的 click()方法参数相同,例如:

```
function(I,src,hidehr,j,B){alert(B[i]);}
```

这段代码的意思是：显示出单击网格数组选中第 i 行的内容。

多出来的 j 参数是指第 i 行的第 j 列,因为网格选中的是单元格,有行列下标。

hidehr 这个参数是隐藏的行,在网格组件中,每一个显示的行后面都有一个隐藏的行,用来显示工具条、备注,或者其他提示,这样就不用像传统信息系统一样弹出窗口。换言之,hidehr 是实现低弹窗的方法之一。

hidehr 是一个 div 对象,所以 hidehr.id 表示的是获得隐藏行的 id,hidehr.innerHTML 表示的是隐藏行的内容。用下面的方法可以给 hidehr 的内容赋值,并显示出刚刚赋值的内容。

```
function(I,src,hidehr,j,B){
    hidehr.innerHTML=1234567;
    alert(hidehr.innerHTML);
)
```

4.1.4 网格组件的公有方法

网格组件有三个公有方法: getSelect 用来获得选中的列, newRow 动态增加新行, refresh 刷新网格显示, 如表 4-3 所示。

表 4-3 网格组件的方法说明

方法名	参数	示　　例
getSelect		$.员工.getSelect();
newRow	value	"$.员工.newRow(value);value"的格式是 Excel 格式, 详情在第 5 章介绍
refresh		$.员工.refresh();

4.1.5 案例 4-1: 同学录与排序

这一小节我们用网格组件实现第 1 章的同学录的显示与排序, 以对比两种编程的优劣点。代码如下所示。

代码 4-1 网格组件实现同学录。

```
1    new _.层([["chofo",{上:1,左:1,下:1,放缩:true,顶间距:3}]],{代号:"P",边框:0});
2    var t_student_grid=[["序列","姓名","性别","年龄","籍贯","手机号","班级"],
3        ["1","张三","男","20","北京","1366666666","1班"],
4        ["2","李四","男","20","上海","1588888888","1班"],
5        ["3","王花","女","19","北京","13611111111","1班"],
6        ["4","赵月","女","19","上海","15811111111","1班"]];
7    new _.网格(t_student_grid,{代号:"classmates",输出:"chofo_center"});
```

第 1 行依然用层组件布局。

第 2 行定义网格组件二维数组 A 参数, 以 _grid 结尾, 说明是映射数据库表格的, 当然表头是程序员自定义的。

第 3~6 行是详细内容, 这些内容可以从数据库中读出。

第 7 行实例化网格组件, 定义了枚举 P 参数, 注意输出的是 chofo_center, 意即层的中间区域。

若减去从数据库中读出的 4 行代码, 代码 4-1 中的实际代码只有 3 行, 将代码复制到 Console 控制台中, 执行的效果如图 4-1 所示。

从图 4-1 中可以看出, 相对于第 1 章的同学录, 首先是外观变得更加友好, 隔行颜色不同, 内容容易区分。单击表头排序后会有箭头提示排序方向, 还可以切换列排序, 也不需要像第 1 章那样每次排序都要刷新页面。更为关键的是, 网格组件显示同学录只需要 1 行代码, 也就是说 1 行代码就实现了数百行代码的功能, 真正实现了低代码编程。

前面介绍 P 参数的时候, 说可以指定分类的列, 这里的同学录虽然只有 4 行, 但也可以按照性别进行分类, 在 P 参数里面增加属性: "分类: 2, 内容位置: "bottom", 分类高: 48, 分类宽: 120", 意即将第 7 行改为

```
new _.网格(t_student_grid,{代号:"classmates",输出:"chofo_center",分类:2,内容位
```

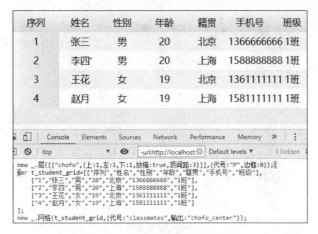

图 4-1　可以排序的网格同学录

置:"bottom",分类高:48,分类宽:120});

先复制前 6 行代码,再复制第 7 行,然后按 Enter 键,显示效果如图 4-2 所示。

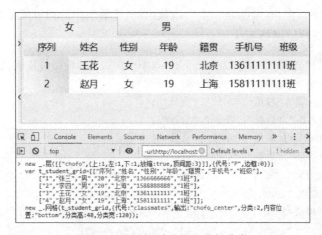

图 4-2　按照性别对学生进行分类

P 参数除了可以设置按照男女排序,还可以设置按照姓氏排序,这里可以增加属性:
"分类:1,首字:1,内容位置:"right",分类高:48,分类宽:48",代码如下:

```
new _.网格(t_student_grid,{代号:"classmates",输出:"chofo_center",分类:1,首字:1,
内容位置:"right",分类高:48,分类宽:120});
```

先复制前 6 行代码,再复制第 7 行,然后按 Enter 键,显示效果如图 4-3 所示。

从图 4-2 和图 4-3 中可以看出,性别分类的标签在上、内容在下;姓氏分类的标签在
左、内容在右。单击分类标签可以切换不同的内容,这样可以协助用户更快地定位查找
数据。

除了显示效果符合代码预期,还需要注意的是,因为所有的数据已经在数组 A 参数中
保存,这些分类切换计算都是在客户端完成的,单击标签不需要向后端发起查询,是计算前
置的。

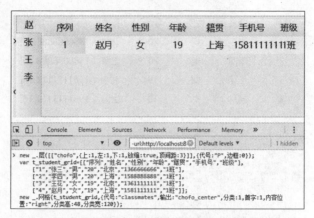

图 4-3　按照姓氏对学生进行分类

4.1.6　扩展功能：显示两层表头

要显示两层表头，就需要用到三维数组。一维数组中每一列都是一个字符串；二维数组中的列不一定是一个字符串，有可能是一个一维数组；三维数组中的列可能是一个二维数组。

代码 4-2　实现两层网格表头。

```
1    new _.层([["chofo",{上:1,左:1,下:1,放缩:true,顶间距:3}]],{代号:"P",边框:0});
2    var t_goods_grid=[["序号","物品","单位",
3        ["期初存货","数量","单价","合计"],
4        ["本期入库","数量","单价","合计"],
5        ["本期出库","数量","单价","合计"],
6        ["本期结余","数量","单价","合计"]],
7        ["1","白酒","瓶","100","100","10000","100","100","10000",
8            "100","100","10000","100","100","10000"],
9        ["2","啤酒","瓶","200","200","40000","200","200","40000",
10           "200","200","40000","200","200","40000"],
11       ["3","红酒","瓶","300","300","90000","300","300","90000",
12           "300","300","90000","300","300","90000"]];
13   new _.网格(t_goods_grid,{代号:"r1",输出:"chofo_center"});
```

第 1 行定义层组件供输出。

第 2 行定义三维数组 t_goods_grid,映射数据库表格,注意三维数组的第 1 行表头为一个二维数组。

第 3~6 行定义二维表头,每个二维表头是一个一维数组,数组第 1 列是第 1 层表头,其余为第 2 层表头。

第 7~12 行是数组的内容,这些内容通常从数据库中动态读出。

第 13 行实例化网格组件,并输出到层组件的中间区域。

若减去从数据库 7~12 行,实际代码为 8 行,用 4 行定义了二维表头,其他代码与 4.1.5 小节无异,也就是用内容定义代替了复杂的 for 循环,是低代码的典型特征,将这段代码复制到 Console 控制台中,执行的效果如图 4-4 所示。

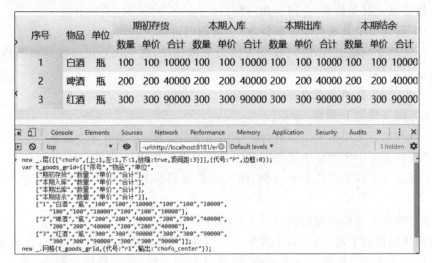

图 4-4　网格两层表头

从图 4-4 中可以看到,两层表头的高度高于一层表头,其中"期初存货""本期入库""本期出库"和"本期结余"作为第 1 层表头,下面各有数量、单价、合计三个第 2 层表头。单击"物品"和"单位"还可以对表格进行排序,符合程序期望的代码执行结果。

4.1.7　思考题 4-1：单击单元格显/隐工具条

网格组件不仅能显示数据,还需要能够和数据进行互动,此时就需要调用工具条组件,网格组件是低弹窗组件,例如代码 4-3 就定义了一个工具条,实现对学生信息的管理。

代码 4-3　网格组件与工具条组件互动。

```
1   new _.层([["chofo",{上:1,左:1,下:1,放缩:true,顶间距:3}]],{代号:"P",边框:0});
2   $.工具条={
3       入学:function(){alert("入学");},
4       奖励:function(){alert("奖励");},
5       惩戒:function(){alert("惩戒");},
6       毕业:function(){alert("毕业");},
7       就职:function(){alert("就职");},
8   };
9   new _.网格([["序列","姓名","性别","年龄","籍贯","手机号","班级"],
10      ["1","张三","男","20","北京","1366666666","1 班"],
11      ["2","李四","男","20","上海","1588888888","1 班"],
12      ["3","王花","女","19","北京","13611111111","1 班"],
13      ["4","赵月","女","19","上海","15811111111","1 班"],
14  ],{代号:"classmates",输出:"chofo_center"},
15  function(i,src,hidehr,j,B){
16      new _.工具条(["入学","奖励","惩戒","毕业","就职"],
17      {代号:"bar"+i,输出:hidehr.id,无图标:true,宽:100});
18  });
```

第 1 行照旧定义层组件,固定的编程顺序有利于记忆。

第 2 行定义工具条枚举,也跟前面一样。

第 3～7 行定义工具条的响应事件方法,前面已讲过。

第 9 行实例化网格组件,因为数组 A 参数数据较少,这一次直接写在网格组件内部,这种写法也是可以的。

第 10～13 行为数组 A 参数的详细内容。

第 14 行定义枚举 P 参数。

第 15 行开始定义单击网格组件行列的响应事件方法,方法有 5 个参数。

第 16 行在方法中实例化工具条以及定义工具条的数组 A 参数。

第 17 行定义工具条的枚举 P 参数,注意输出的是 hidehr.id,也就是网格组件隐藏的行的 id。

第 18 行结束定义单击网格组件行列的响应事件方法。

上面的代码用到了层、网格和工具条三个组件,网格将内容输出到层中,工具条输出到网格中。程序主要通过逻辑关系来编程,就像写文章一样,而不是用大量 for 循环,这也是低代码编程的特征,将代码复制到 Console 控制台中,执行的效果如图 4-5 所示。

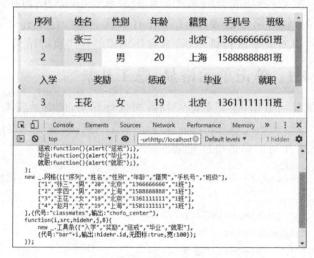

图 4-5　单击学生显示工具条

对于图 4-5 中实现的同学录电子表格,单击表头可以排序,单击某一行还可以显示工具条,单击工具条上的按钮,会弹出提示框,说明单击事件获得了响应。符合程序预期。

另外,网格组件是低弹窗组件,每一行下面都有一个隐藏行 hidehr,工具条的输出属性是隐藏行的 id,即 hidehr.id,这样定义属性后,工具条就输出在隐藏行。表格同步撑大,下面的行下移,这是低弹窗的特征。

4.2　列　表　组　件

列表组件是一种用图文并茂的方式显示图片的组件,跟网格组件一样,列表组件也有三个参数,组件的实例化调用语句如下:

```
new _.列表(A,P,click);
```

或

```
new _.list(A,P,click);
```

列表

4.2.1　列表组件中数组 A 的结构

列表的数组结构和 grid 相同,只不过它是以图标的形式来展示数据,所以通常会有一列保存图片的路径。如果数组的某一列里面包含了图片,默认的样式就可以将这一列的图片直接显示为大图标。

```
var A=[["序列","名称","单位","价格","分类","图片"],
["1","青岛啤酒","瓶","10","啤酒","1.jpg"],
["2","北京烤鸭","只","100","熟食","2.jpg"],
...(此处省略 98 行数据)
["100","餐巾纸","包","1","消费品","100.jpg"],
["101","纸篓","个","6","用具","101.jpg"]];
```

4.2.2　列表组件中参数 P 的含义

列表组件的参数 P 和网格组件的参数 P 有很多相同点,只是增加了一些单元格设置的属性,全部属性说明如表 4-4 所示。

表 4-4　列表组件 P 参数全部属性说明

中　文	英　文	默认值	说　　　明
代号	id		组件代号,不能为空,值必须为英文
图片路径	imgpath		图片列需要加上此路径
行高	lineheight		每行的高度
列数	col		每行显示的列数
背景色	bgcolor	#f8f9fb	隔行背景色
顶部颜色	headcolor	灰色	有绿色、蓝色、蓝绿等颜色可选
边框	border	1	表格的边框宽度
统计	total	null	类型为数组,需要进行统计的列,如"统计:[4,5]",即为统计第 4 列和第 5 列
每页	perpage		每页显示的行数,默认为全部
分类	sort	null	用来分类的列
分类宽	sortw	48	分类标签宽
分类高	sorth	48	分类标签高
内容位置	content	right	内容和标签的相对位置,有 left、top、bottom 可选
首字	first		分类时只显示分类前几个字,通常是第一个

续表

中　文	英　文	默认值	说　　　明
设置单元格	setTd	null	类型方法,设置单元格的样式
图文间隔	imagespace	−32	负值表示单元格中文字写在图片之上
经过	over		鼠标经过单元格的样式
固定	fixed		单元格中图片放缩的方向
字体大小	fontsize		单元格中字体大小
查询条件	filter	null	类型方法,设置数据查询条件的方法
调试	debug	false	是否调试
选中颜色	selcolor		选中行的颜色
输出	output		输出位置,默认为当前位置,也可以为一个 div 的 id,若值为 str,则返回该组件的字符串
追加	added	null	是否以追加的方式输出,默认为覆盖方式

当为列表组件定义了代号 id 以后,每一个组件中的每一个单元格也会被赋予 id,采用 2.6.1 小节介绍的_.el(id),即可以获得单元格对象。每一个单元格 id 的定义规则如下:

```
id+"_"+数组行下标
```

列表组件的 P 参数中最复杂的属性就是设置单元格,这是因为很多时候默认的样式不能满足需求,所以后面讲完 CSS 以后,会详细讲述单元格的样式设计,这里不再赘述。

4.2.3　列表组件设置 click 事件

网格组件的 click 事件与网格组件一样,也以方法的形式传递,列表组件的 click 方法有四个参数,如表 4-5 所示。

表 4-5　列表组件 click 方法的参数

参　数　名	含　　义
i	选中的行数
src	选中的单元格
hidehr	隐藏的行
B	A 数组的指针

这四个方法的参数与网格组件的 click 方法的参数相同,hidehr 也表示隐藏的行。单击列表组件的元素通常会显示工具条,不用像传统信息系统一样右击后弹出窗口,这样不仅实现了低弹窗,而且解决了触摸设备不支持右击的困扰。

4.2.4　列表组件的公有方法

列表组件有 4 个公有方法:refresh 表示刷新列表,reclick 表示再次单击单元格,

showall 表示显示所有单元格，visibility 可以显隐部分单元格，如表 4-6 所示。

表 4-6　列表组件的方法说明

方法名	参　数	示　　例
refresh		$.同学录.refresh();
reclick		$.同学录.reclick();
showall		$.同学录.showall();
visibility	filter,h	$.同学录.visibility(function(){return true;},"hidden");

visibility()方法的参数较为复杂，这里详细说明一下。filter 参数是一个方法，可以对数组 A 进行判断，符合条件则返回 true；否则返回 false。h 有两个值，即 visible 和 hidden，visibility()方法的意思是：符合参数 filter()方法判断的单元格的显隐属性设置为 h 参数。

4.2.5　案例 4-2：学生照片列表

前面用网格组件将学生显示为电子表格形式，这一小节我们再来用列表组件将学生显示为照片的形式。为了方便演示，demo 目录下 photo 文件夹中已经上传了 4 张照片。代码如下所示。

代码 4-4　学生的照片列表。

```
1   new _.层([[["chofo",{上:1,左:1,下:1,放缩:true,顶间距:3}]]],{代号:"P",边框:0});
2   var t_student_grid=[["序列","姓名","性别","年龄","籍贯","手机号","班级","照片"],
3       ["1","张三","男","20","北京","1366666666","1班","1.png"],
4       ["2","李四","男","20","上海","1588888888","1班","2.png"],
5       ["3","王花","女","19","北京","13611111111","1班","3.png"],
6       ["4","赵月","女","19","上海","15811111111","1班","4.png"]];
7   new _.列表(t_student_grid,
8   {代号:"classmates",列数:2,行高:120,图:7,输出:"chofo_center",路径:"photo/"},
9   function(I,src,hidehr,B){});
```

上面代码中列表组件的调用和网格组件非常类似，不同之处如下。

第 2 行定义列表组件的数组 A 参数多了一列照片。

第 3~6 行数组 A 参数多了一列照片内容。

第 8 行定义列表组件的枚举 P 参数多了"列数""行高""图"和"路径"属性。

第 9 行的单击列表响应事件方法的参数少了列参数 j。

也就是说，把网格组件的代码更改几处，即可变成列表组件显示，而不需要调整大量代码，这种代码的迭代、演化方式简单易用，是低代码独有的特征，将代码复制到 Console 控制台中，执行的效果如图 4-6 所示。

从图 4-6 中结果可以看出，列表组件已经按照 P 参数的要求自动进行了排版，P 参数要求第 7 列为图片列，路径为 photo，列表默认第 1 列为姓名列，姓名以透明背景的方式显示在图片上方。P 参数还要求每行列数为 2，所以四名学生分两行、两列显示。读者在调试程序的时候可以更改列数、修改行高等参数，看一看反馈效果，简单的调试就能收到很好的反

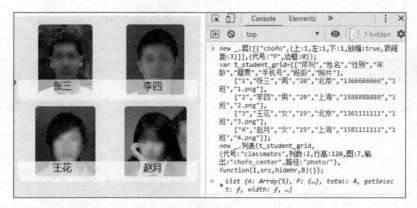

图 4-6　用照片的方式显示学生列表

馈效果,等到与实际需求对接时,也会灵活应对。

列表组件也跟网格组件一样支持分类显示,如增加属性"分类:2,内容位置:"bottom",分类高:48,分类宽:120",即

```
new _.列表(t_student_grid,{代号:"classmates",列数:2,行高:120,图:7,输出:"chofo_
center",分类:2,内容位置:"bottom",分类高:48,分类宽:120,路径:"photo/"},function(I,
src,hidehr,B){});
```

先复制代码 4-4 的前 6 行,再复制上面代码,然后按 Enter 键,显示效果如图 4-7 所示。

图 4-7　学生照片分性别显示

增加姓氏分类属性"分类:1,首字:1,内容位置:"right",分类高:48,分类宽:48",即

```
new _.列表(t_student_grid,{代号:"classmates",列数:2,行高:120,图:7,输出:"chofo_
center",分类:1,首字:1,内容位置:"right",分类高:48,分类宽:48,路径:"photo/"},
function(I,src,hidehr,B){});
```

先复制代码 4-4 的前 6 行,再复制上面代码,然后按 Enter 键,显示效果如图 4-8 所示。

图 4-7 和图 4-8 与网格组件标签位置一样,性别分类的标签在上、内容在下;姓氏分类的标签在左、内容在右。单击分类标签可以切换不同的内容。

显示效果是列表的图文结合形式,不是网格的电子表格形式,符合代码预期,列表组件的数组 A 参数可以保存数据,分类切换计算也都是在客户端完成,单击标签不需要向后端发起查询,跟网格组件一样是计算前置的。

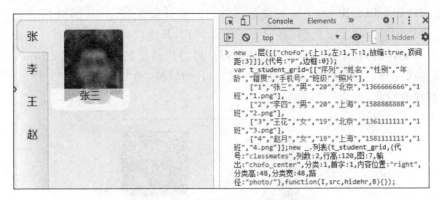

图 4-8 学生照片按照姓氏分类显示

4.2.6 案例 4-3：多张图片以幻灯片展示

在电子商务网站、本地生活服务网站中展示产品时，有时候需要从不同的角度进行展示，此时将图片列的多张图片用分号隔开即可。为了方便调试，产品的图片已经上传到了demo 目录的 goods 文件夹下。

另外轮播动画需要 CSS 3 样式支持，所以第一行输出了动画样式。这个动画样式的代码其实已在 pc.htm 页面中存在，只是 Chrome 控制台不支持，所以为了方便调试，这里又加了一行，若是复制到 htm 页面中，此行不需要复制。代码如下所示。

代码 4-5 列表中的图片以幻灯片方式展示的代码。

```
1  document.write("<style><!-- @keyframes chofoX{0%{transform:translate(0);}
2  100%{transform:translate(-100%);}}} --></style>");//仅 chrome 的 console 需要
3  new _.层([["chofo",{上:1,左:1,下:1,放缩:true,顶间距:3}]],{代号:"P",边框:0});
4  var t_goods_grid=[["序列","名称","单位","价格","分类","图片"],
5      ["1","青岛啤酒","瓶","10","啤酒","1-1.jpg;1-2.jpg"],
6      ["2","北京烤鸭","只","100","熟食","2-1.jpg;2-2.jpg"],
7      ["3","大拌菜","份","1","凉菜","3.jpg"],
8      ["4","天津包子","个","6","主食","4.jpg"]];
9  new _.列表(t_goods_grid,
10 {代号:"gs",列数:2,行高:150,固定:"高",图:5,输出:"chofo_center",路径:"goods/"});
```

第 1、2 行定义了动画样式，这是一段 CSS 3 代码，这段代码其实已在 demo.htm 中存在，前面章节有过介绍，但是浏览器的 Console 控制台不能正确地从 demo.htm 中读取，为了演示方便，这里只好用 document.write()方法再输出一次，抢占了层组件的位置。

第 3 行因为层组件位置被抢，改在此行定义。

第 4 行定义二维数组 t_goods_grid，映射数据库的物品表。

第 5、6 行定义数组内容，注意图片列里面有两张图片，两张图片用分号隔开，这样的格式表明会用幻灯片效果轮换展示图片。

第 7、8 行也是定义数组内容，但是图片列只有一张图片，所以没有幻灯片效果。

第 9 列实例化列表组件。

第 10 列定义列表组件的枚举参数 P。

83

从上面代码可以看出,为了实现多张图片以幻灯片效果展示,代码只是增加 CSS 3 样式,并给"青岛啤酒"和"北京烤鸭"各设置了两张图片,其他代码与前面无异。这是低代码编程特色,数据会讲话,就不用大量 for 循环代码。再将代码复制并粘贴到 Console 控制台中,等待页面加载完毕,"青岛啤酒"和"北京烤鸭"就开始轮播,而"大拌菜"和"天津包子"只有一张图片,则没有变化,效果图如图 4-9 所示。

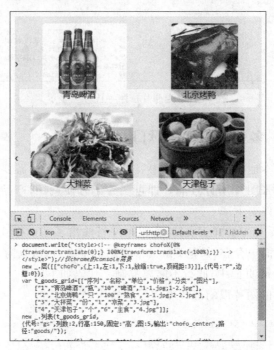

图 4-9　产品列表的多张图片以幻灯片方式播放效果图

如果是用户自动上传的图片,图片尺寸不一,此时可以根据商品图片的形状选择固定高度或固定宽度显示,读者在调试的时候,可以修改参数,以获得多种反馈。

4.2.7　思考题 4-2:列表组件与工具条组件的互动

列表组件跟工具条组件结合,可以营造出非常便利的互动效果。代码如下所示。

代码 4-6　列表组件与工具条组件的互动。

```
1   new _.层([["chofo",{上:1,左:1,下:1,放缩:true,顶间距:3}]],{代号:"P",边框:0});
2   $.工具条={
3       学院:function(){alert("学院");},
4       系:function(){alert("系");},
5       专业:function(){alert("专业");},
6       班级:function(){alert("班级");},
7       学生:function(){
8           new _.列表([["序列","姓名","性别","年龄","籍贯","手机号","班级","照片"],
9               ["1","张三","男","20","北京","1366666666","1班","1.png"],
10              ["2","李四","男","20","上海","1588888888","1班","2.png"],
11              ["3","王花","女","19","北京","13611111111","1班","3.png"],
```

```
12              ["4","赵月","女","19","上海","15811111111","1班","4.png"],
13         ],{代号:"classmates",列数:2,行高:120,图:7,输出:"chofo_center",路径:"
           photo/"},
14         function(i,src,hidehr,B){
15              new _.工具条(["入学","奖励","惩戒","毕业","就职"],
16                  {代号:"bar"+i,输出:hidehr.id,无图标:true,宽:80});
17         });
18    },
19    教师:function(){alert("教师");},
20    课程:function(){alert("课程");},
21    入学:function(){alert("入学");},
22    奖励:function(){alert("奖励");},
23    惩戒:function(){alert("惩戒");},
24    毕业:function(){alert("毕业");},
25    就职:function(){alert("就职");},
26 };
27 new _.工具条(["学院","系","专业","班级","学生","教师","课程"],
28 {代号:"toolbar",输出:"chofo_top",无图标:true,选中颜色:"#4b72a5,#4b72a5"});
```

上面代码中第 1 行定义层,第 2 行定义枚举工具条,第 3~26 行定义工具条的响应事件,第 27、28 行定义工具条实例,前面基本都已经讲过。本小节只是改了一些代码的位置,最重要的改动是第 8~17 行,将实例化列表组件写到了"学生"方法里面,这样单击"学生"按钮,就会显示学生列表。

用低代码组件编程就是这样,要思考组件的逻辑关系、关联关系,注意输出位置,掌握清楚这些技巧,就可以应对一些基础功能需求了。

将代码复制到 Console 控制台中,按 Enter 键执行后,最开始页面只显示顶部工具条,单击工具条中的"学生"按钮,会显示 4 位学生的照片列表,此时,再单击学生的照片,就会显示图 4-10 所示效果。

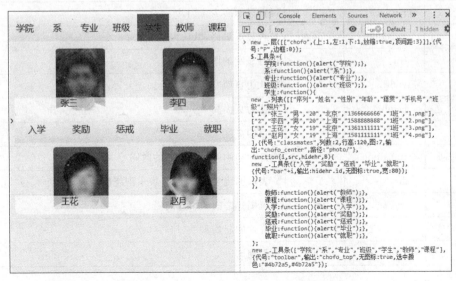

图 4-10　两个工具条与列表组件的互动

在图 4-10 中单击工具条中的按钮会弹出提示框,说明单击事件获得了响应。

虽然只有十几行代码,但是图中已经有了学生信息管理系统的雏形,只待第 5 章增加学生详细信息显示和修改功能了。

4.3 幻灯片组件

幻灯片组件也有三个参数,它的实例化调用语句如下:

```
new _.幻灯片(A,P,click);
```

或

```
new _.pps(A,P,click);
```

幻灯片

4.3.1 幻灯片组件中数组 A 的结构

幻灯片数组 A 的结构跟列表组件完全相同,播放器在显示图片和文字时,实际上调用了列表组件,并重新设置了样式,将 P 参数的列数设为 1,每页显示数量也是 1,这样一页就显示一张图。

4.3.2 幻灯片组件中参数 P 的含义

幻灯片组件的参数 P 除了拥有列表组件的属性以外,还定义了幻灯片自身的属性,如动画时间、起始页等,全部 P 参数的属性如表 4-7 所示。

表 4-7 幻灯片组件的 P 参数的属性

中 文	英 文	默认值	参 数
代号	id	null	组件代号
每页	perpage		每页显示多少张图片
页码	pageCode	no	是否显示页码,默认为不显示
列数	col	1	每行显示的图片数
宽	width		默认为页面宽度
高	height		默认为页面高
行高	lineheight		每行的高度
动画时间	transition	2	幻灯片动画转一圈需要的时间
方向	dir	Y	Y 表示围绕竖轴旋转,X 表示围绕横轴旋转
填充	adding	0	设置图片之间的填充间隔
起始	start	0	幻灯片的起始页
调试	debug	false	是否调试

中　文	英　文	默认值	参　　数
输出	output		输出位置,默认为当前位置,也可以为一个 div 的 id,若值为 str,则返回该组件的字符串
追加	added	null	是否以追加的方式输出,默认为覆盖方式

4.3.3　幻灯片组件设置 click 事件

幻灯片组件的 click 事件的参数与列表组件的参数完全相同,如表 4-8 所示。

表 4-8　幻灯片组件 click( )方法的参数

参　数　名	含　　义
i	选中的行数
src	选中的单元格
hidehr	隐藏的行
B	A 数组的指针

4.3.4　幻灯片组件的公有方法

幻灯片组件共有两个方法,以便于外部控制翻页,如表 4-9 所示。

表 4-9　幻灯片组件的方法说明

方法名	参数	示　　例
turnover	i	$.幻灯片.turnover(1); 正值表示向前翻页,负值表示向后翻页
to	i	"$.幻灯片.turnover(1);"表示翻到指定的页

4.3.5　案例 4-4:在网站首页中展示幻灯片

网站首页通常都会在显要位置放置图片,如果图片较多,可以使用幻灯片组件轮流播放,为了方便演示,已经上传了几张图片到 demo 的 image 目录下。

与列表的多张图片一样,幻灯片组件需要 CSS 3 样式支持,所以第一行输出了动画样式。这个动画样式与列表组件的不一样,这个动画样式是一个 3D 旋转动画样式。这行代码已在 pc.htm 页面中存在,若是复制到 htm 页面中,不需要复制此行。代码如下所示。

代码 4-7　用幻灯片循环播放组件。

```
1    document.write("<style><!-- @keyframes chofoRotateY{0%{transform:rotateY(360deg);}
2    100%{transform:rotateY(0deg);}} --></style>");
3    new _.层([["chofo",{上:100,左:1,下:48,顶间距:3,
4    顶对齐:"right'valign='top",图标:{左:"logo"}}]],
5    {代号:"P",边框:0,路径:"ico/",图标高:80});
```

```
 6    $.工具条={
 7       首页:function(){alert("首页");},
 8       产品:function(){alert("产品");},
 9       方案:function(){alert("方案");},
10       定制开发:function(){alert("定制开发");},
11       低代码:function(){alert("低代码");},
12    };
13    new _.工具条(["首页","产品","方案","定制开发","低代码"],
14    {代号:"toolbar",输出:"chofo_top",背景色:"#fff,#fff",无图标:true,宽:100,
15    选中颜色:"#f5f5f5,#f5f5f5"});
16    var t_article_grid=[["序列","标题","图"],
17       ["1","Javascript 中文编程","1.jpg"],
18       ["2","低跳转低弹窗低单击低触摸框架","2.jpg"],
19       ["3","富客户端与计算前置","3.jpg"],
20       ["4","前端低代码 UI 构件实现快速开发","4.jpg"],
21       ["5","后端低代码 SQL 语句流构件","5.jpg"]
22    ];
23    new _.幻灯片(t_article_grid,
24    {代号:"pps",输出:"chofo_center",列数:1,每页:1,行高:400,高:400,宽:800,图:2,
25    路径:"image/lc/",时间:(t_article_grid.length-1) * 8},
26    function(i,src,hide,B){alert(B[i]);});
```

第1、2行定义 CSS 3 动画样式,只要是需要显示动画的组件,都需要定义此样式。

第3行实例化层。

第4行设置工具条在右上角,网站布局都是这样,因为网站需要在左上角显示 logo,前面已说过。

第6行定义工具条枚举,这一点网站和信息系统一致,表明低代码组件是通用的。

第7~11行定义导航条的响应事件,与信息系统顶部工具条的响应事件的定义方法相同。

第14、15行用工具条组件定义网站导航条,只是换了一下背景色和选中颜色。

第16行定义 t_article_grid 数组,映射数据中的文章表。

第17~21行是文章表的内容。

第23行实例化幻灯片组件,定义枚举 P 参数的各项属性。

第24、25行设置时间为数组的内容乘以8,即每张图片显示8秒左右。

第26行定义单击图片时间,参数与列表组件相同。

从上面代码可以看出,针对网站的编程和针对信息系统的编程,使用的组件是一样的,不同的是枚举 P 参数的属性,这说明这套低代码组件是通用的,不是只能用来开发信息系统。将代码复制到 Console 控制台中,幻灯片动画立刻就旋转了起来,执行的效果如图 4-11 所示。

图 4-11 中的幻灯片中的图片是以 3D 形式展示的,因为设置了播放时间,幻灯片像旋转木马一样自动播放,当鼠标移动上去时,旋转动画会停止;当鼠标离开以后,旋转继续。单击某个图片时,会弹出提示框,显示当前单击的内容,说明单击事件获得了响应。显示效果符合预期。

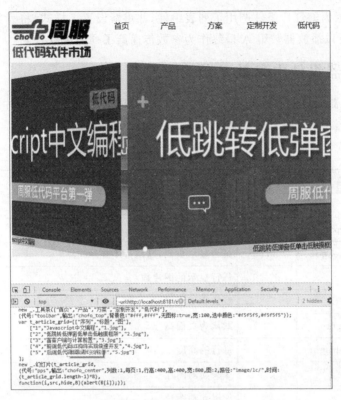

图 4-11　网站首页的幻灯片

4.4　播 放 器 组 件

播放器组件可以将指定格式的图片以视频的效果进行播放。

播放器的图片显示区域的格式可以自定义,比如新闻类视频可以定义第 1 行是标题,产品类视频可以定义第 1 行是产品名称,单击相关内容还可以弹出新窗口来查看明细。

整个视频还可以定义片首和片尾,比如新闻类视频可以定义类似新闻联播的地球作为片首,片尾可以显示编辑人员姓名列表,或者感谢语。

视频也可以自定义背景音乐。

整个视频的图片翻转使用了旋转广告灯箱的 3D 效果。播放器组件也有三个参数,实例化调用语句如下:

```
new _.播放器(A,P,click);
```

或

```
new _.player(A,P,click);
```

4.4.1　播放器组件中数组 A 的结构

播放器数组 A 的结构跟列表组件完全相同,播放器在显示图片和文字时,实际上调用

89

了幻灯片组件,因为幻灯片组件调用了列表组件,并重新设置了样式,将列数设为1,每页显示数量也是1,所以播放器数组 A 最终作为参数传递给了列表组件。

4.4.2 播放器组件中参数 P 的含义

有一些播放器组件的参数 P 与幻灯片组件相同,同时增加了片头和片尾动画设置以使看起来更像视频,全部属性列表如表 4-10 所示。

表 4-10 播放器组件 P 参数全部属性

中　文	英　文	默认值	参　　数
代号	id	null	组件代号
每页	perpage		每页显示多少图片
页码	pageCode	no	是否显示页码,默认为不显示
列数	col	1	每行显示的图片数
宽	width		默认为页面宽度
高	height		默认为页面高
行高	lineheight		每行的高度
片头	title		片头动画图片
片尾	tail		片尾动画图片
开场白	prologue		开场说的文字
静音	mute		默认为静音状态
自动播放	autoplay		加载完毕自动播放
填充	adding	0	设置图片之间的填充间隔
调试	debug	false	是否调试
输出	output		输出位置,默认为当前位置,也可以为一个 div 的 id,若值为 str,则返回该组件的字符串
追加	added	null	是否以追加的方式输出,默认为覆盖方式

表 4-10 中的片头和片尾动画通常为 gif 格式的图片,开场白就是一段文字,如果不将自动播放设置为 false,一律认为是自动播放。

4.4.3 播放器组件设置 click 事件

幻灯片组件的 click 事件的参数与列表组件和幻灯片组件的参数完全相同,如表 4-11 所示。

表 4-11 播放器组件 click()方法的参数

参　数　名	含　　义
i	选中的行数
src	选中的单元格

参　数　名	含　　义
hidehr	隐藏的行
B	A 数组的指针

4.4.4　案例 4-5：新闻文章播放器

本小节将幻灯片实现的图片旋转木马效果用播放器再实现一次，可以对比一下幻灯片和播放器的效果，以便于在不同的业务场景使用，代码如下所示。

代码 4-8　用播放器播放文章。

```
1   new _.层([[["chofo",{上:100,左:1,下:48,顶间距:3,
2       顶对齐:"right'valign='top",图标:{左:"logo"}}]],
3   {代号:"P",边框:0,路径:"ico/",图标高:80});
4   $.工具条={
5       首页:function(){alert("首页");},
6       产品:function(){alert("产品");},
7       方案:function(){alert("方案");},
8       定制开发:function(){alert("定制开发");},
9       低代码:function(){alert("低代码");},
10  };
11  new _.工具条(["首页","产品","方案","定制开发","低代码"],
12  {代号:"toolbar",输出:"chofo_top",背景色:"#fff,#fff",无图标:true,宽:100,
13      选中颜色:"#f5f5f5,#f5f5f5"});
14  var t_article_grid=[["序列","标题","图"],
15      ["1","Javascript 中文编程","1.jpg"],
16      ["2","低跳转低弹窗低单击低触摸框架","2.jpg"],
17      ["3","富客户端与计算前置","3.jpg"],
18      ["4","前端低代码 UI 构件实现快速开发","4.jpg"],
19      ["5","后端低代码 SQL 语句流构件","5.jpg"]
20  ];
21  new _.播放器(t_article_grid,
22  {代号:"player",输出:"chofo_center",开场白:"亲爱的网友,你好,今日资讯有",
23  自动播放:true,列数:1,每页:1,填充:40,行高:250,高:250,宽:600,图:2,路径:"image/lc/"},
24  function(i,src,hide,B){alert(B[i]);});
```

第 1、2 行实例化层，没有动画样式，这是因为播放器的动画不是用 CSS 实现的，而是由 JavaScript 控制图片播放。

第 3~20 行与幻灯片组件代码基本无异，这里不再赘述。

第 21 行实例化播放器组件。

第 22 行定义播放器组件的枚举 P 参数。

第 23 行定义了 P 参数的高是 250，宽是 600，是为了截屏完整，实际上高应该为 500，宽应该为 1200，读者自行更改调试一下即可。

第 24 行定义了播放器图片的单击事件。

由上面代码中的播放器与幻灯片组件的相似性，可以联想到网格组件和列表组件的相似性，组件参数的相似性不仅有利于记忆，也有利于减少代码，简化逻辑关系，方便代码的迭代、演化、响应不同的需求。将代码复制到 Console 控制台中，页面加载完毕，打开音箱后，就会以图文并茂、动画加语音的形式开始播报新闻，默认新闻标题是数组 A 的第 1 列，执行的效果如图 4-12 所示。

图 4-12　播放器组件效果图

从图 4-12 中可以看出，播放器界面分为上下两个部分，上面是图片显示区域，下面是播放工具条。播放工具条包括常见的视频功能按钮，如最左侧是播放和暂停，中间是播放进度，与视频播放不同的是，图片播放器显示的是播放序列，不是时间，接下来是洗脑循环按钮、静音按钮和全屏按钮。

图片播放器除了可以将网站的内容用视频的方式展现出来，让视觉冲击力更强以外，最重要的是使用计算前置技术节省了带宽和流量。因为图片播放器的合成计算是在客户端完成的，所以只需要把图片和文字传输到客户端即可，因此图片播放器的流量通常是普通视频流量的 1/12、高清视频流量的 1/24。

也就是说，不同于播放视频需要租赁 120GB 的流量，图片播放器只需要租赁 10GB 即可，这将为网站节省大量的费用。

4.5　使用 CSS 自定义显示样式

列表组件和幻灯片组件提到了需要初始化一个 CSS 样式，实际上不仅是这两种组件需要用到 CSS 样式，网格组件、工具条组件，以及后面将要提到的输入组件，都会用到 CSS 样式。这是因为不同的业务场景,需要的外观并不完全相同,虽然低代码组件能够通过 P 参数定义一些外观和样式,有时候仍然需要使用 CSS 辅助定义外观样式。

4.5.1　CSS 样式简介

CSS 是一种定义样式结构,如字体、颜色、位置等的语言,被用于描述网页上的信息格式化和显示的方式。它由哈坤于 1994 年在芝加哥的一次会议上第一次提出,并开发了第一个 CSS 版本。1995 年 W3C 组织(World Wide Web Consortium)成立,并接管了 CSS 的开发工作。1996 年年底,层叠样式表的第一份正式标准(cascading style sheets level 1)完成,成为 W3C 的推荐标准。

CSS 主要由属性和属性值构成,这一点跟 JavaScript 枚举非常类似,但是 CSS 的属性名称不支持中文。CSS 功能非常丰富,限于篇幅,这里只列出常用的 CSS 属性,如表 4-12 所示。

表 4-12　常用的 CSS 属性

属　性	含　义	例　子
height	高	height:100px
width	宽	width:100px
margin	边距	"margin:1px 1px 1px 1px;"四个边距顺序是上、右、下、左
padding	内边距	"padding:1px 1px 1px 1px;"四个内边距顺序是上、右、下、左
z-index	层叠顺序	数字越大越在上
font-size	字体大小	font-size:30px
color	字体颜色	color:#000
font-weight	字体粗细	font-weight:bold
text-align	横向对齐	text-align:center
overflow	溢出控制	overflow:hidden
line-height	文本行高	line-height:22px
border	边框	border:1px solid #000
border-radius	边框圆角	border-radius:10px
display	显隐	display:none
background	背景	background:#fff

使用 CSS 样式有两种方法:一种是在 head 中统一定义,另一种是在 html 标签中使用 style 属性一一定义。

4.5.2　列表设置单元格样式

列表组件默认样式是图片在上、文字在下,在实际应用中,如个人简历有可能图片在左、文字在右,而且文字内容不是只有姓名一项,性别、手机号也都一起显示,此时就需要用到列表参数 P 的设置单元格属性,代码如下所示。

代码 4-9 自定义列表单元格的显示格式。

```
1  new _.层([["chofo",{上:1,左:1,下:1,放缩:true,顶间距:3}]],{代号:"P",边框:0});
2  new _.列表([[["序列","姓名","性别","年龄","籍贯","手机号","班级","照片"],
3      ["1","张三","男","20","北京","1366666666","1班","1.png"],
4      ["2","李四","男","20","上海","1588888888","1班","2.png"],
5      ["3","王花","女","19","北京","13611111111","1班","3.png"],
6      ["4","赵月","女","19","上海","15811111111","1班","4.png"],
7  ],{代号:"classmates",列数:2,行高:120,图:7,输出:"chofo_center",路径:"photo/",
8  设置单元格:function(i,tdw,tdh,B){return "<table border=0><tr><td><img src=
   photo/"+B[i][7]+
9      " height="+tdh+"></td><td><div style='font-size:16px'>"+B[0][1]+":"+
   B[i][1]+"<br>"+
10     B[0][2]+":"+B[i][2]+"<br>"+B[0][3]+":"+B[i][3]+"<br>"+B[0][4]+":"+B
   [i][4]+"<br>"+
11     B[0][5]+":"+B[i][5]+"<br>"+B[0][6]+":"+B[i][6]+"</div></td></tr></
   table>";
12 }},
13 function(i,src,hidehr,B){});
```

上面的代码中前 7 行与之前的代码无异,第 8 行开始自定义单元格样式。

第 9 行用 style 属性为 div 定义字体大小,设置字号为 16px,实际应用的时候也可以根据需求设置更多 CSS 样式。

第 10、11 行将数组 B 中的值链接了起来,这个数组 B 其实就是列表组件数组 A 的指针,为了传值方便,在设置单元格方法中以 B 参数又传了一次。

上面代码为数组 A 参数每一行都定义了样式,但是没有使用 for 循环,这是因为 for 循环已经被内置到组件中,透明不可见,是程序员友好的。减少 for 循环的使用是低代码编程的优势。将代码复制到 Console 控制台中,显示效果如图 4-13 所示。

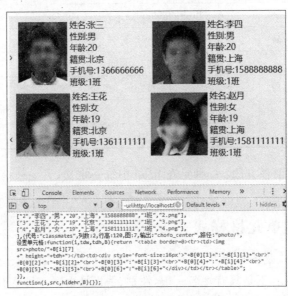

图 4-13　自定义单元格效果

图 4-13 中改为在左侧显示照片,在右侧显示更多的学生信息,样式设置的效果符合代码预期,也说明不使用 for 循环语句确实可以做样式设计,以后设计者只需要专注单元格样式即可。

此外,单元格样式可以跟分类属性联合使用,将前面以性别分类、以姓氏分类的代码复制过来使用即可,读者可以增加分类属性并自行测试。

4.5.3　播放器设置单元格样式

播放器组件默认样式是标题在上、图片在下,在实际应用中,如新闻播报还需要显示文章来源、作者、日期等,此时需要用到参数 P 的设置单元格属性,代码如下所示。

代码 4-10　自定义播放器的文章显示格式。

```
1   new _.层([["chofo",{上:100,左:1,下:48,顶间距:3,
2       顶对齐:"right'valign='top",图标:{左:"logo"}}]],
3   {代号:"P",边框:0,路径:"ico/",图标高:80});
4   $.工具条={
5       首页:function(){alert("首页");},
6       产品:function(){alert("产品");},
7       方案:function(){alert("方案");},
8       定制开发:function(){alert("定制开发");},
9       低代码:function(){alert("低代码");},
10  };
11  new _.工具条(["首页","产品","方案","定制开发","低代码"],
12  {代号:"toolbar",输出:"chofo_top",背景色:"#fff,#fff",无图标:true,宽:100,
13      选中颜色:"#f5f5f5,#f5f5f5"});
14  var t_article_grid=[["序列","标题","图","来源","作者","时间"],
15      ["1","Javascript 中文编程","1.jpg","周服","于丙超","20230201"],
16      ["2","低跳转低弹窗低单击低触摸框架","2.jpg","周服","于丙超","20230301"],
17      ["3","富客户端与计算前置","3.jpg","周服","于丙超","20230401"],
18      ["4","前端低代码 UI 构件实现快速开发","4.jpg","周服","于丙超","20230501"],
19      ["5","后端低代码 SQL 语句流构件","5.jpg","周服","于丙超","20230601"]
20  ];
21  new _.播放器(t_article_grid,
22  {代号:"player",输出:"chofo_center",开场白:"亲爱的网友,您好,今日资讯有",
23  自动播放:true,列数:1,每页:1,填充:40,行高:250,高:250,宽:600,图:2,路径:"
    image/lc/",
24  设置单元格:function(i,tdw,tdh,B){
25      return "<div style='background:#fff;width:"+(tdw-6)    +";overflow:
        hidden'>"+
26      "<div style='font-size:22px;text-align:center'>"+B[i][1]+"</div>"+
27      "<div style='color:#666;;text-align:center'>来源:"+B[i][3]+
28      "作者:"+B[i][4]+" 时间:"+B[i][5]+"</div>"+
29      "<div style='text-align:center'><img src='image/lc/"+B[i][2]+"' width=
        '90%'></div>"+
30      "</div>";
```

95

```
31  }},
32  function(i,src,hide,B){alert(B[i]);});
```

上面代码的前 23 行和前面代码类似,第 24 行表示自定义单元格。

第 25 行开始定义外层大 div 标签的 background 和 width,width 等于单元格的宽度 tdw−6。

第 26 行定义了标题行,字号较大,为 22px。

第 27、28 行定义来源、作者和时间,这是本次自定义样式增加的内容。

第 29 行定义图片。

第 30 行结束定义外层大 div 标签。

播放器样式自定义设置用到的 HTML 代码和 CSS 样式较多,将代码复制到 Console 控制台中,执行的效果如图 4-14 所示。

图 4-14   自定义播放器样式效果

从图 4-14 中可以看出,本次修改后主要就是在标题下面增加了来源、作者和时间。通过这个案例掌握了自定义样式后,实际做项目的时候,就可以根据用户需求实现更为丰富的样式。

4.5.4   通用模板样式设置

为了方便软件或者网站统一风格,下画线构件可以统一设置 CSS 模板,模板是一个枚举,中英文对照如表 4-13 所示。

表 4-13   通用模板样式中英文对照

英 文	中 文	示 例
tabbgcolor	标签背景	标签背景: "#333740,#333740"
tabcolor	标签颜色	

英　文	中　文	示　　例
tabcontentcolor	标签内容	
splitcolor	分割色	分割色："#f6f7fB"
centercolor	中间色	中间色："#f6f7fB"
	图文间隔	图文间隔："1"
	工具条圆角	工具条圆角："17"
	工具条背景	工具条背景："#1769e9，#1769e9"
	工具条样式	工具条样式："color：#fff"
	按钮样式	
	框边	框边："0；background：#F7F7F7；border-radius：10"
	字背景	字背景："#fff"
	字颜色	字颜色："#333；font-size：16px；"

下面我们使用模板改造一下前面的代码，将工具条背景和标签背景设置成蓝色，代码如下所示。

代码 4-11 使用模板统一定义样式。

```
1   _.模板={
2       标签背景:"#1769e9,#1f6fef",
3       分割色:"#f6f7fB",中间色:"#f6f7fB",
4       图文间隔:"1",
5       工具条圆角:"17",工具条背景:"#1769e9,#1769e9",工具条样式:"color:#fff",
6       按钮样式:"width:140px;height:37px;font-size:16px;font-weight:bold;"+
7           "border:0px;color:#fff;background:#1769e9;border-radius:18px",
8       边框:"0;background:#F7F7F7;border-radius:10",
9       字背景:"#fff",字颜色:"#333;font-size:16px;",
10  }
11  new _.层([["chofo",{上:1,左:1,下:1,放缩:true,顶间距:3}]],{代号:"P",边框:0});
12  $.工具条={
13      学院:function(){alert("学院");},
14      系:function(){alert("系");},
15      专业:function(){alert("专业");},
16      班级:function(){alert("班级");},
17      学生:function(){
18        new _.列表([["序列","姓名","性别","年龄","籍贯","手机号","班级","照片"],
19            ["1","张三","男","20","北京","1366666666","1班","1.png"],
20            ["2","李四","男","20","上海","1588888888","1班","2.png"],
21            ["3","王花","女","19","北京","1361111111","1班","3.png"],
22            ["4","赵月","女","19","上海","1581111111","1班","4.png"],
23        ],{代号:"classmates",列数:2,行高:120,图:7,输出:"chofo_center",路径:"
```

```
                  photo/",
24            分类:1,首字:1,内容位置:"right",分类高:48,分类宽:120},
25        function(i,src,hidehr,B){
26            new _.工具条(["入学","奖励","惩戒","毕业","就职"],
27            {代号:"bar"+i,输出:hidehr.id,无图标:true,宽:80});
28        });
29      },
30      教师:function(){alert("教师");},
31      课程:function(){alert("课程");},
32      入学:function(){alert("入学");},
33      奖励:function(){alert("奖励");},
34      惩戒:function(){alert("惩戒");},
35      毕业:function(){alert("毕业");},
36      就职:function(){alert("就职");},
37  };
38  new _.工具条(["学院","系","专业","班级","学生","教师","课程"],
39  {代号:"toolbar",输出:"chofo_top",无图标:true,选中颜色:"#4b72a5,#4b72a5"});
40
```

上面代码相对于前面代码的主要改动是第 1～10 行。

第 1 行重置了模板枚举,注意这个模板枚举以下画线开头,说明是下画线构件里面的组件。

第 2 行定义了标签组件背景,除非标签组件在 P 参数里面设置了背景色属性,否则使用模板背景。

第 3 行定义了层组件的分割色和中间色,除非层组件在 P 参数里面定义了分割色和中间色,否则使用模板定义。

第 4 行定义了列表组件的图文间隔,负值表示文字以透明背景覆盖图片,1 表示不覆盖,除非列表组件在 P 参数里面定义,否则使用模板定义。

第 5 行定义了工具条圆角、背景和样式,除非 P 参数定义,否则使用此处定义。

第 6、7 行定义按钮样式,因为按钮样式较长,分两行显示。

第 8 行定义了输入组件的边框,输入组件在第 5 章进行讲解。

第 9 行定义了输入组件的字背景和字颜色。

低代码组件支持模板统一定义样式,说明低代码组件不是封装后就不可变的,这进一步增加了低代码组件的灵活性和适应性,使得低代码组件应用场景更为广泛。将代码复制到 Console 控制台中,按 Enter 键执行后最开始页面只显示顶部工具条,单击工具条中的学生按钮,会显示按照姓氏分类的学生的照片,再单击学生的照片,页面如图 4-15 所示。

图 4-15 中一共显示了两个工具条、一个标签,背景色都统一改成了蓝色。这就说明模板设置已经被成功解析,显示效果符合代码预期。如果要让工具条颜色不同,如修改顶部工具条背景,只需要在 P 参数中定义背景色即可。也就是说,当组件 P 参数中没有定义样式时,使用模板样式;反之则使用组件 P 参数样式。通过这样的设置,既可以让整个系统或者网站样式统一,又可以让部分组件样式个性化。

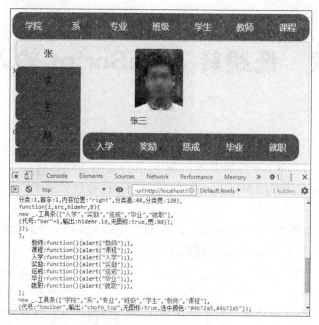

图 4-15　模板统一定义样式

4.6　小　　结

本章主要讲解了低代码显示组件网格、列表、报表和幻灯片的用法，因为显示需要千变万化，又讲解了自定义样式的 CSS 语法和组件结合的技巧。

除了自定义样式，低代码组件还支持自定义事件，事件支持中文命名。

另外，网格和列表组件在与工具条互动时，还使用了低弹窗的框架设计，既节省了代码，又加快了速度。

实现的门户网站幻灯片首页，以及学生管理信息系统的代码量只有几十行，并且没有重复代码，真正做到了前端低代码编程。

第 5 章 低跳转 JavaScript 输入组件

页面跳转通常有两种：第一种是弹窗跳转，这种在第 3 章布局组件时已经使用低弹窗设计避免了；第二种是不弹窗但覆盖当前窗口的跳转，这种跳转通常发生在 HTML 表单提交的时候。

每一次跳转都会产生一次浏览器寻址，在高带宽的配置下，寻址会拉长页面的显示时间，所以减少页面跳转次数，采用低跳转设计，会增加程序的友好性。

本章主要讲解的输入组件，也即用户录入数据组件，就是采用低跳转设计的组件。

低跳转输入组件有三个，第一个是输入（input）组件，第二个是选择器（selected）组件，第三个是网格组件，第 4 章已经介绍了网格是显示组件，所以网格组件是既能显示又能输入的两用组件。

5.1 输 入 组 件

输入组件可以使用更少的代码批量创建 form 表单以及表单的元素，并将这些元素排序，根据输入区域大小不同占据不同的行列数。输入组件的实例化调用语句如下：

输入

```
new _.输入(A,P);
```

或

```
new _.input(A,P);
```

输入组件支持给表单元素定义事件，限定输入类型、最大值、最小值，并可以跟后台数据库进行通信，确定输入值是否符合唯一性约束。

传统的图形化编程在设计输入框时需要一个一个拖拽到面板中，设计人员需要自行对若干输入框进行行列对齐，低代码输入组件是批量定义、自行对齐的，所以效率更高。

5.1.1 输入组件中数组 A 的结构

输入组件的数组 A 参数是一个二维数组，通常有三列，A 的定义语句可以用如下代码实现：

```
var A=[["姓名",'st_name'],['性别','st_sex',{类型:"select",值:[[L.男],[L.女]]}],
["年龄",'sf_age'],["籍贯",'sf_coutry'],["手机",'st_phone',{最长:20}],
["班级",'st_class'],["照片",'st_photo',{类型:"图片"}],_.序列("sms.st_id")];
```

代码中，输入组件 inputs 的 A 参数的第 1 列是标签名称。

　　第 2 列根据不同的 HTML 标签类型,含义不同。若为输入框、选择框等,则第 2 列是元素代号,对应 HTML 标签的 name;若是按钮,则第 2 列是目标地址或者按钮单击事件 click 对应的响应方法。这里要说一下第 2 列 name 的命名规则。因为 name 要提交数据给后端,为了方便接收数据,前后端的命名规则需要统一。这个命名规则如下。

　　(1) name 中需要有下画线,而且下画线不能是第一个字符。

　　(2) 下画线前面是数据表名称的缩写。例如,学生表的英文名称是 student,缩写为 st;公司表的英文名称是 company,缩写为 com 或者 cp。

　　(3) 下画线后面是第 1 列的中文名称的英文翻译。

　　第 3 列是一个枚举,枚举的属性非常多,表单元素类型以及样式皆在此枚举中定义,其全部属性如表 5-1 所示。

表 5-1　输入组件参数 A 的第 3 列的属性

中　文	英　文	默认值	参 数 说 明
类型	kind	text	除了对应表单元素属性 type,还有是否为空、是否为唯一两种约束
字宽	wordw	P 中字宽	文字单元格宽度
框宽	inputw	P 中框宽	文本框宽度
列数	colspan	1	跨列数
默认值	value		文本框显示的值或者下拉菜单的选项
选中	selected		checkbox、radio 和 select 类型选中的值
最大值	max		数字的最大值或者字符串的最大长度
最小值	min		数字的最小值或者字符串的最小长度
小数位	fixed		数字的小数位
获得焦点	onfocus		标签元素获得焦点事件
失去焦点	onblur		标签元素失去焦点事件
切换	onchange		select、radio、chebox 等标签元素换值事件
按键	onkeyup		文本框等元素键盘弹起事件

　　表 5-1 中 P 参数中的类型属性需要重点讲解一些。类型属性不仅对应的是 HTML 标签的 type 属性,如 text、number、select、checkbox、radio、button、div 等选项,还可以定义是否为空、是否唯一两种约束。默认是不为空的,如果允许为空,则要加上“空”或者 null,如 numbernull;默认是不唯一的,如果要进行唯一性判断,则要加上“唯一”或者 unique,如 “text 唯一”或者 textunique,null 和 unique 可以跟类型连起来书写,不需要分隔符。

　　除了是否为空、唯一性等约束外,文本框还有最大值、最小值等约束,除了可以用来约束数字,还可以约束字符串的长度。

　　表单中的按钮通常分为两种类型,一种是普通按钮,这种按钮一般只有单击事件;另一种是提交按钮,除了有单击事件外,还有提交事件。数组 A 里面定义的都是普通按钮,P 参数里面定义的是提交按钮。

表 5-1 中还定义了多种事件,如文本框的焦点和失去焦点事件,还有键盘事件等。这些事件既可以是一个方法,也可以是一个字符串。

数组 A 的最后一行是序列,对应的是数据表的主键名称,主键通常是自增的。没有数据库设计基础的读者看到这里或许会有些疑问,需要补充一些数据库知识,或者结合低代码后端设计框架一起阅读才能理解。

5.1.2 输入组件中参数 P 的含义

输入组件的 P 参数定义的是整个表单的属性,有些属性名称和 A 参数第 3 列的属性名称相同,但是含义不同,全部 P 参数的属性如表 5-2 所示。

表 5-2 输入组件参数 P 的属性

中　文	英文	默认值	参　　数
代号	id	null	组件代号
字宽	wordw		文字单元格宽度
框宽	inputw		文本框宽度
列数	col	2	每行显示的元素数
文字和框	textinput	2	文字和框共占几列
隐藏	hidden		二维数组类型,表单中的 hidden 变量的第 1 列须为英文,如隐藏:[["id","0"],["time","sysdate"]]
冒号			文字和框之间是否有冒号或其他分隔符
调试	debug	false	是否调试
输出	output		输出位置,默认为当前位置,也可以为一个 div 的 id,若值为 str,则返回该组件的字符串
追加	added	null	是否以追加的方式输出,默认为覆盖方式

表 5-2 中 P 参数的"列数"是指每一行显示几个元素,而数组 A 的"列数"是指一个元素占几列。譬如 P 参数可以定义"列数:2",也就是说一行可以显示两个元素,数组 A 的第 3 列的列数默认是 1,也就是只占用一个元素的宽度,若是也定义"列数:2",就占用了两列,即两个元素的宽度。

当为输入组件定义了代号 id 以后,每一个组件中的每一个 HTML 元素也会被赋予 id,采用 2.6.1 小节介绍的_.el(id),即可以获得元素对象。每一个元素 id 的定义规则如下:

    id+"_"+数组行下标+"_"

而每一个元素都放在一个 HTML 标签 td 里面,这个 td 也有一个 id,其定义规则如下:

    id+"_"+数组行下标+"_td"

5.1.3 输入组件定义表单提交事件

输入组件的数据向后端提交,需要定义提交按钮、提交事件以及接收数据的后端文件的url。这些定义也是在 P 参数里面,为了方便讲解,这里单独提出来,如表 5-3 所示。

表 5-3　提交表单需要的 P 参数中的属性

中　文	英　文	默认值	说　　明
表名称	tablename		关系型数据库名称
行为	act	insert	insert 为插入，update 为修改
提交	submit	下	提交按钮的位置
提交文字	submittext	确定	文字会根据语言自动翻译
动作	action	sqls.jsp	默认提交到 sqls.jsp

输入组件是低跳转组件，提交时采用 Ajax 方法以 post 方法提交数据，所以页面不会发生跳转。

5.1.4　案例 5-1：显示并修改学生详细信息

前面讲解列表组件时曾经构造过一个带工具条、可以展示学生信息的列表案例，现在讲解了输入组件，就可以跟列表组件一起做一个互动案例。

为了方便用一次性复制并粘贴的方式调试，本小节将本应在美元 $ 构件中声明的输入属性和表头的第一行，都在代码 5-1 中声明。

代码 5-1　用输入组件显示并修改学生详细信息。

```
1    new _.层([["chofo",{上:1,左:200,下:1,放缩:true,顶间距:3}]],{代号:"P",边框:0});
2    $.工具条={
3      学院:function(){alert("学院");},
4      系:function(){alert("系");},
5      专业:function(){alert("专业");},
6      班级:function(){alert("班级");},
7      学生:function(){
8        new _.列表([["序列","姓名","性别","年龄","籍贯","手机","班级","照片"],
9          ["1","张三","男","20","北京","1366666666","1班","1.png"],
10         ["2","李四","男","20","上海","1588888888","1班","2.png"],
11         ["3","王花","女","19","北京","1361111111","1班","3.png"],
12         ["4","赵月","女","19","上海","1581111111","1班","4.png"],
13       ],{代号:"classmates",列数:2,行高:120,图:7,输出:"chofo_center",路径:
         "photo/"},
14       function(i,src,hidehr,B){
15         new _.输入([["姓名",'st_name'],
16           ['性别','st_sex',{类型:"select",值:[['男'],['女']]}],
17           ["年龄",'sf_age'],["籍贯",'sf_coutry'],
18           ["手机",'st_phone',{最长:20}],["班级",'st_class'],
19           ["照片",'st_photo',{类型:"图片"}],_.序列("sms.st_id")],
20         {代号:"input"+i,输出:"chofo_left",列数:1,行高:48,图片路径:"photo/",
21           提交:"下",网格:{数组:B,行:i}});
22         new _.工具条(["入学","奖励","惩戒","毕业","就职"],
23         {代号:"bar"+i,输出:hidehr.id,无图标:true,宽:80});
24       });
```

```
25        },
26        教师:function(){alert("教师");},
27        课程:function(){alert("课程");},
28    };
29    new _.工具条(["学院","系","专业","班级","学生","教师","课程"],
30    {代号:"toolbar",输出:"chofo_top",无图标:true,选中颜色:"#4b72a5,#4b72a5"});
```

上面的代码大多讲过,读者应该很熟悉了,新增的内容是第15~21行。

第15行实例化数组组件,定义了"姓名"输入框,第2列 st_name 是数据库表格字段的名称,以下都相同,不再赘述,协同开发时数据库设计人员将名称设计好后,以数据库设计说明书的文档高速前端即可,没有定义类型,默认为 text。

第16行定义了"性别"下拉选择框,选择框的选项用"值"属性定义,注意此属性是一个二维数组,二维数组每一行的第1列是返回值,第2列是显示内容,如果只有1列,则既是返回值又作为显示内容,这里的类型也可以改成 radio 或者"单选",功能一样。显示效果不同,可以自行修改测试。

第17行定义了"年龄"和"籍贯",默认为 text 文本框。

第18行定义了"手机"和"班级",要求"手机"输入框最长输入20个字符。

第19行定义了"照片"和"序列","照片"类型为图片,"序列"对应的是数据库表格的主键,这里的数据库是 sms,主键是 st_id,数据库和主键是后端定义的,若是团队开发,前后端需要沟通好。

第20行定义了输入组件的枚举 P 参数,这里的输出是 chofo_left,意为输出在层组件的左侧,不是弹窗输出,是低弹窗的特征。列数为1的意思是每行只显示1个元素,所以输入组件的排版非常简单,前端只需要定义每行显示几个元素即可完成自动排版。"图片路径"定义的是照片的上传位置,跟列表组件的路径要一致。

第21行定义了表单提交按钮的位置,还有初始化读取的二维数组,以及取值的行,二维数组 B 和行 i 都是通过列表的单击事件方法作为参数传过来的。

将代码复制到 Console 控制台中,按 Enter 键执行后最开始页面只显示顶部工具条,单击工具条中的学生按钮,会显示4位学生的照片列表,此时,再单击学生的照片,下面会显示工具条,左侧会显示学生详细信息,执行的效果如图5-1所示。

图5-1中左侧的学生详细信息不是静态的,是可以编辑的,单击照片会自动弹出文件选择框,选择照片后,照片就会在前端更新。若是单击"确定"按钮,就可以向后台提交数据。下面讲解一下如何查看输入组件向后台提交的数据,总共分为三个步骤。

(1) 单击 Network。

(2) 找到 sqls.jsp 页面并单击。

(3) 向下滚动,找到 Form Data,即可看到 Ajax 调用网址的 url 和 post 方式提交的数据,如图5-2所示。

图5-2中的 Form Data 中显示的以"st_"开头的参数,都是在代码中定义的,只有 chofo_ajax_time 是自动生成的时间,以保证每一次提交都是实时的。因为后端还没有编程,所以单击"确定"按钮后前端数据不会发生变化,也就是说,刷新页面并再次执行代码后,照片不会发生变化。如果想要照片发生变化,就需要结合后端低代码框架一起执行。

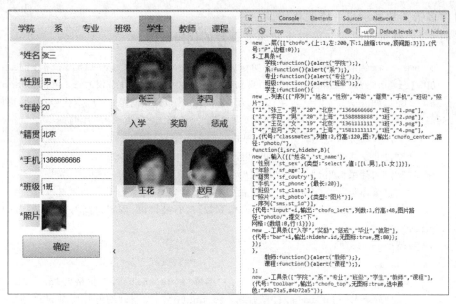

图 5-1　单击学生照片后显示学生详细信息并修改

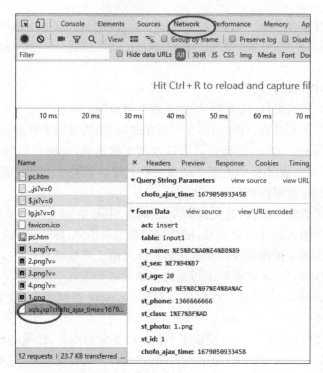

图 5-2　输入组件以 Ajax 方式向后台传送的参数

5.1.5　案例 5-2：多张图片上传与修改

前面讲解列表组件时，还讲过一个用幻灯片展示多张图片的案例，现在讲解输入组件如何将图片列定义为幻灯片类型，以实现多张图片的上传与修改。代码 5-2 就是列表组件和输入组件多张图片展示与上传的代码。

代码 5-2 既可以展示又可以上传多张图片的代码案例。

```
1    document.write("<style><!-- @keyframes chofoX{0%{transform:translate(0);}
2    100%{transform:translate(-100%);}} --></style>");//仅 Chrome 的 Console 需要
3    new _.层([["chofo",{上:1,左:200,下:1,放缩:true,顶间距:3}]],{代号:"P",边框:0});
4    var t_goods_grid=[["序列","名称","单位","价格","分类","图片"],
5        ["1","青岛啤酒","瓶","10","啤酒","1-1.jpg;1-2.jpg"],
6        ["2","北京烤鸭","只","100","熟食","2-1.jpg;2-2.jpg"],
7        ["3","大拌菜","份","1","凉菜","3.jpg"],
8        ["4","天津包子","个","6","主食","4.jpg"]];
9    new _.列表(t_goods_grid,{代号:"gs",列数:2,行高:200,固定:"高",图:5,输出:"chofo_
     center",
10        路径:"goods/"},
11   function(i,src,hidehr,B){
12       new _.输入([["名称",'gs_name'],['单位','gs_unit'],["价格",'gs_price'],
13           ["分类",'gkd_id'],["图片",'gs_photo',{类型:"幻灯片",数量:5,尺寸:"80*
           100"}],
14           _.序列("wms.gs_id")],
15           {代号:"input"+i,输出:"chofo_left",列数:1,行高:48,图片路径:"goods/",
16           提交:"下",网格:{数组:B,行:i}});
17   });
```

上面代码大多跟前面代码类似,新增的是第 12～16 行。

第 12 行实例化数组组件,定义物品的"名称""单位"和"价格",这三个都是 text。

第 13 行定义分类和图片,分类的第 2 列是 gkd_id,说明是一个外键,外键通常是下拉选择的,这里暂时作为 text 输入,后面会有案例改成下拉选择,届时可以对比一下效果。"图片"的类型是"幻灯片",数量为 5,意思是最多可以上传 5 张图片。若是能跟后端结合,上传完毕后,列表组件那里就可以更新显示了。

第 14 行定义了表格的主键,这里数据库是 wms,主键是 gs_id。

第 15 行定义了输入组件的 P 参数,图片路径是"goods/",路径跟学生照片的不同。

第 16 行定义了提交按钮位置以及默认数据读取的二维数组和行。

从上面代码可以看出,多张图片上传相对于单张图片上传,主要是将图片的类型由"图片"改为"幻灯片",设计非常简单。将代码复制到 Console 控制台中,按 Enter 键后的执行效果如图 5-3 所示。

从图 5-3 中可以看出,照片部分变成了 5 张可以上传的图片,已经上传的照片显示了出来,没有上传的照片显示为空白图,单击空白图,即可打开文件选择框,选择图片并上传。显示效果符合代码预期。

5.1.6 思考题 5-1:下拉标签中使用关联表数据

输入组件中有一种类型是下拉标签,其选项是可选择的,不是输入的,如性别就是一个下拉标签,其选项有两个:男和女。这两个选项是静态的,由程序员在编程时定义。但是还有一种下拉标签的选项不是程序员定义的,比如班级也可以是下拉标签,可以做成可选择

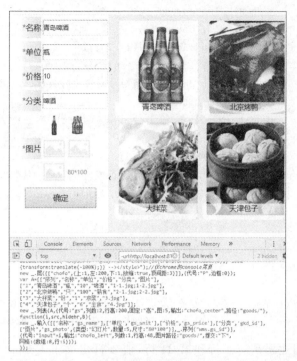

图 5-3　使用幻灯片类型上传多张图片

的,因为每个系的班级是不同的,此时就需要采用关联表的方法获得数据,代码如下所示。

代码 5-3　下拉标签中使用动态数据。

```
1   var t_class_grid=[["序列","名称","编号","所属系"],
2       ["1","23届1班","2301","计算机系"],
3       ["2","23届2班","2302","计算机系"],
4       ["3","23届3班","2303","计算机系"]];
5   new _.层([["chofo",{上:1,左:200,下:1,放缩:true,顶间距:3}]],{代号:"P",边框:0});
6   $.工具条={
7       学院:function(){alert("学院");},
8       系:function(){alert("系");},
9       专业:function(){alert("专业");},
10      班级:function(){alert("班级");},
11      学生:function(){
12        new _.列表([["序列","姓名","性别","年龄","籍贯","手机","班级","照片"],
13            ["1","张三","男","20","北京","1366666666","1","1.png"],
14            ["2","李四","男","20","上海","1588888888","1","2.png"],
15            ["3","王花","女","19","北京","13611111111","1","3.png"],
16            ["4","赵月","女","19","上海","15811111111","1","4.png"],
17        ],{代号:"classmates",列数:2,行高:120,图:7,输出:"chofo_center",路径:"
            photo/"},
18        function(i,src,hidehr,B){
19          new _.输入([["姓名",'st_name'],
20              ['性别','st_sex',{类型:"select",值:[[L.男],[L.女]]}],
```

```
21          ["年龄",'sf_age'],
22          ["籍贯",'sf_coutry'],
23          ["手机",'st_phone',{最长:20}],
24          ["班级",'cl_id',{类型:'select',默认值:'t_class_grid'}],
25          ["照片",'st_photo',{类型:"幻灯片",数量:5,尺寸:"80＊100"}],
26          _.序列("sms.st_id")],
27         {代号:"input"+i,输出:"chofo_left",列数:1,行高:48,图片路径:"
            photo/",
28          提交:"下",网格:{数组:B,行:i}});
29        new _.工具条(["入学","奖励","惩戒","毕业","就职"],
30         {代号:"bar"+i,输出:hidehr.id,无图标:true,宽:80});
31       });
32      },
33     教师:function(){alert("教师");},
34     课程:function(){alert("课程");},
35   };
36  new _.工具条(["学院","系","专业","班级","学生","教师","课程"],
37   {代号:"toolbar",输出:"chofo_top",无图标:true,选中颜色:"#4b72a5,#4b72a5"});
```

上面代码的增量主要是前 4 行和第 24 行,前 4 行定义了 t_class_grid 二维数组,以_grid 结尾的意思是可以映射数据库表,将来可以从数据库中读出。

第 24 行将班级的类型改成了下拉选择框 select,默认值设置为 t_class_grid,意思是从这个二维数组中取值,这样就建立起了学生和班级的关联关系。

将代码复制到 Console 控制台中,按 Enter 键执行后最开始页面只显示顶部工具条,单击工具条中的学生按钮,会显示 4 位学生的照片列表,此时,再单击学生的照片,下面会显示工具条,左侧会显示学生详细信息,执行的效果如图 5-4 所示。

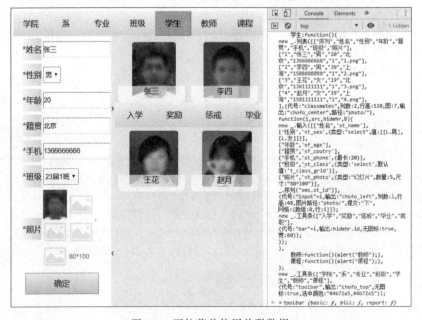

图 5-4　下拉菜单使用关联数据

108

从图 5-4 中可以看出，"班级"已经变成了下拉标签，可以从中选择班级。如果手工修改班级的数组 t_class_grid，如增减班级，或者修改班级名称，这里也会同步获得修改后的结果，这样就实现了表和表之间的联动。

5.2　选择器组件

选择器组件是一个可以实现购物车的组件，在各种系统中比较常用。它的实例化调用语句如下：

```
new _.选择器(A,P);
```

或

```
new _.selected(A,P);
```

5.2.1　选择器组件中数组 A 的结构

选择器组件既有类似网格组件一样的显示、统计功能，也有像输入组件一样的输入功能，是一个比较复杂的组件。它的主要作用是保存用户的选择结果，并根据操作向后台提交相关数据。最常用的例子是购物车，它的数组 A 是一个三维数组，其定义语句如下：

```
var A=[[["gs_id",["gs_name"],["sllm_price","价格",{类型:"hidden"}],
["sllm_number"],["sllm_money","小计",{类型:"hidden"}]]];
```

选择器组件中数组 A 初始化的时候必须定义第 1 行。第 1 行是一个二维数组，与输入组件的数组 A 类似。

选择器组件中数组 A 的第 1 行的第 1 列是 HTML 标签的 name 值；第 2 列是名称，这一点与输入组件中数组 A 恰好相反。第 3 列也可以定义类型。

虽然有些地方选择器组件中数组 A 和输入组件中数组 A 看上去类似，但是确有本质上的不同，不同之处就在于选择器组件中数组 A 的参数对列数是有要求的，而且每一列都有固定的含义，全部列数及含义如表 5-4 所示。

表 5-4　选择器组件中数组 A 的参数说明

列　数	英　文	默认值	说　　明
1	id		id
2	name		名称
3	price	0	价格，数字列，参与计算
4	number	1	数量，数字列，可以加减
5	money	0	金额，数字列，其值为价格和数量的乘积
6	remark		备注

表 5-4 中的前 6 列顺序不能变化，如果不想显示某一列，可将类型设置为 hidden，第 1 列

默认为 hidden,不需要设置。这一点与网格组件、输入组件皆不同。

5.2.2　选择器组件中参数 P 的含义

选择器组件中参数 P 主要定义了选择器的外观和事件,表 5-5 是参数 P 的全部属性列表。

表 5-5　选择器组件中参数 P 全部属性说明

中　文	英　文	默　认　值	属　　性
代号	id		组件代号,不能为空,值必须为英文
行高	lineheight	32	
背景色	bgcolor	♯f8f9fb	隔行背景色
顶部颜色	headcolor	灰色	有绿色、蓝色、蓝绿等颜色可选
无表单	noform		如果嵌入输入组件中,则设为 true
列宽	colwidth	[",80,32,100]	定义每一列的宽度
调试	debug	false	是否调试
按钮	button		这是一个枚举,定义了提交事件
输出	output		输出位置默认为当前位置,也可以为一个 div 的 id。若值为 str,则返回该组件的字符串
追加	added	null	是否以追加的方式输出,默认为覆盖方式

5.2.3　选择器组件定义表单提交事件

选择器组件的数据向后端提交,需要定义提交按钮、提交事件以及接收数据的后端文件的 url,这些定义是在参数 P 的 B 属性里面。为了方便讲解,这里单独提出来,如表 5-6 所示。

表 5-6　提交表单需要的参数 P 的 B 属性

中　文	英　文	默认值	说　　明
文字	submittext	确定	文字会根据语言自动翻译
高	height		按钮高
宽	width		按钮宽
字号	fontsize		按钮文字的字号
颜色	color		按钮文字的颜色
背景	background		按钮的背景
动作	action	sqls.jsp	默认提交到 sqls.jsp

选择器组件是低跳转组件,提交时采用 Ajax( )方法以 post( )方法提交数据,所以页面不会发生跳转。

5.2.4　案例 5-3：购物车

前面用列表组件展示过酒水和菜品,现在结合购物车来实现一个选菜功能,代码如下所示。

代码 5-4　选菜购物车。

```
1   document.write("<style><!-- @keyframes chofoX{0%{transform:translate(0);}
2   100%{transform:translate(-100%);}} --></style>");//仅 Chrome 的 Console 需要
3   $.购物车数组=[["gs_id",["gs_name"],["sllm_price","价格",{类型:"hidden"}],
4       ["sllm_number"],["sllm_money","小计"]]];
5   new _.层([["chofo",{上:1,左:300,下:1,放缩:true,顶间距:3}]],{代号:"P",边框:0});
6   var t_goods_grid=[["序列","名称","单位","价格","分类","图片"],
7       ["1","青岛啤酒","瓶","10","啤酒","1-1.jpg;1-2.jpg"],
8       ["2","北京烤鸭","只","100","熟食","2-1.jpg;2-2.jpg"],
9       ["3","大拌菜","份","1","凉菜","3.jpg"],
10      ["4","天津包子","个","6","主食","4.jpg"]];
11  new _.列表(t_goods_grid,
12      {代号:"gs",列数:2,行高:120,固定:"高",图:5,输出:"chofo_center",路径:
        "goods/"},
13  function(i,src,hidehr,B){
14      $.选中菜品=new _.选择器($.购物车数组,{代号:"sel",输出:"chofo_left",
15          按钮:{action:"sqls.jsp?"}});
16      $.购物车数组.splice(1,0,[B[i][0],B[i][1],B[i][3],1,B[i][3]]);
17      $.选中菜品.refresh();
18  });
```

上面代码描述了列表和选择器的逻辑关系,因为是第一次使用选择器,所以精讲一下。

前两行不再赘述,CSS 3 动画是列表组件用的。

第 3、4 行定义了一个购物车数组,也就是选择器的三维数组 A,这里只定义了三维数组的第 1 行,也就是表头。在定义表头的时候,同时定义了需要提交的数据库表格中字段的列名称,如 gs_id、gs_name 都是数据库表格字段的列名称,后端需要以数据库设计说明书的形式告知前端,第 3 列价格的类型设置为 hidden,意即不显示,注意第 3 列不能因为不显示而省略不写,因为第 3 列要参与计算,第 5 列"小计"是第 3 列"价格"和第 4 列"数量"的乘积。

第 5 行定义了层组件,左侧宽度为 300,因为选择器的列数较多,所以左侧宽度也较大。

第 6~10 行定义了要显示的物品名称,跟前面相同。

第 11~13 行实例化列表组件,定义了枚举 P 参数,代码与前面无异。

第 14 行代码书写在列表的事件方法中,实例化选择器组件,数组 A 参数为第 3 行定义的购物车数组,注意选择的数组 A 参数通常是作为美元构件的组件定义的,不是用 var 定义,也不可以直接写在选择器组件中。

第 15 行定义了提交的目标地址。

第 16 行使用了数组的 splice()方法,以及向数组的第 1 行插入一行数据,注意插入的是第 1 行不是第 0 行,数组下标以 0 开始,第 0 行是表头,插入的数据不能在表头前面,只能在其他内容前面。

第 17 行刷新选择器组件。

　　将代码复制到 Console 控制台中,按 Enter 键执行后就会显示菜品,单击菜品,就可以加到左侧购物车中,执行的效果如图 5-5 所示。

图 5-5　用选择器实现购物车

　　从图 5-5 中可以看到,4 个菜品加到了购物车中,数量可以做加减、统计,价格也可以作统计。单击"确定"按钮即可向后台提交选购结果。符合代码预期。此时打开 Network,找到 sqls.jsp,可以看到 Form Data 中提交的参数,如图 5-6 所示。

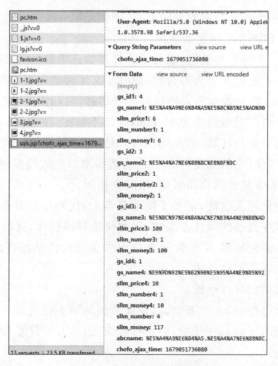

图 5-6　购物车提交的参数

从图 5-6 中可以看出：

（1）Ajax 提交参数的中文部分已经进行了转码，因此接收的后端程序要进行解码。

（2）gs_id、gs_name 等参数按照行数加了阿拉伯数字后缀，接收程序需要使用 for 循环接收。

（3）参数中还有一个 abcname，也是中文编码，这是购物车中所有中文名称的缩写，解码后可以看到详情，保存这个 abcname，未来查询的时候可以快速看到简介。

5.2.5　案例 5-4：选择商品时添加备注

最简单的购物车只有数量修改功能，复杂的购物车还需要设定商品备注，这一小节用列表组件、按钮组件以及选择器组件一起实现一个复杂的购物车，选购菜品时要选择备注，代码如下所示。

代码 5-5　选择商品时加备注的代码。

```
1   document.write("<style><!-- @keyframes chofoX{0%{transform:translate(0);}
2   100%{transform:translate(-100%);}} --></style>");//仅 Chrome 的 Console 需要
3   $.购物车数组=[["gs_id",["gs_name"],["sllm_price","价格",{类型:"hidden"}],
4      ["sllm_number"],["sllm_money","小计"],["gs_remark","备注"]]];
5   new _.层([["chofo",{上:1,左:400,下:1,放缩:true,顶间距:3}]],{代号:"P",边框:0});
6   var t_goods_grid=[["序列","名称","单位","价格","分类","图片","备注"],
7      ["1","青岛啤酒","瓶","10","啤酒","1-1.jpg;1-2.jpg","常温、冰镇"],
8      ["2","北京烤鸭","只","100","熟食","2-1.jpg;2-2.jpg",""],
9      ["3","大拌菜","份","1","凉菜","3.jpg",""],
10     ["4","天津包子","个","6","主食","4.jpg","猪肉白菜+3、韭菜鸡蛋"]];
11  new _.列表(t_goods_grid,{代号:"gs",列数:2,行高:120,固定:"高",图:5,输出:"chofo_
    center",
12     路径:"goods/",文:function(i){
13     return t_goods_grid[i][1]+" "+t_goods_grid[i][3]+"/"+t_goods_grid[i]
       [2];}},
14  function(i,src,hidehr,B){
15     $.选中菜品=new _.选择器($.购物车数组,{代号:"sel",输出:"chofo_left"});
16     if(B[i][6].indexOf("、")==-1){
17        $.购物车数组.splice(1,0,[B[i][0],B[i][1],B[i][3],1,B[i][3]," "]);
18        $.选中菜品.refresh();
19     }else{
20        var btn=[],rk=B[i][6].split("、");
21        for(var j=0;j<rk.length;j++)btn.push([rk[j],function(j){
22           var p1=rk[j].indexOf("+")==-1?0:rk[j].substr(rk[j].indexOf
              ("+")+1)*1;
23           $.购物车数组.splice(1,0,[B[i][0],B[i][1],B[i][3]*1+p1,1,B[i][3]*
              1+p1,rk[j]]);
24           $.选中菜品.refresh();
25        }]);
26        new _.按钮(btn,{代号:"button"+i,输出:hidehr.id,宽:100,圆角:48});
27     }
```

```
28  });
```

上面代码前 6 行跟之前的代码差别不大,第 6 行定义的 t_goods_grid 数组的第 1 行增加了一列备注。

第 7 行给"青岛啤酒"增加了备注"常温、冰镇",注意多个备注之间用顿号隔开。

第 10 行给"天津包子"增加了"猪肉白菜＋3、韭菜鸡蛋",＋3 的意思是加 3 元。

第 12 行在定义列表的枚举 P 属性时,对文字进行个性化定义,不是仅显示第 1 列,这是因为这一次备注要改价格,把最低价显示出来更清楚,当然,即使不选择备注也可以显示价格。

第 13 行设置文字返回格式,第 1 列是名称,第 2 列是单位,第 3 列是价格,三列连成一个字符串返回,注意这里必须使用 return 语句。

第 15 行依旧要实例化一个选择器。

第 16 行对二维数组的第 6 列进行判断是否包含顿号,如包含顿号说明有备注;否则没有备注。

第 17、18 行处理没有顿号的物品,符合条件的是"北京烤鸭"和"大拌菜",直接向购物车数组的第 1 行插入一行,并刷新选择器。

第 20 行开始处理备注中有顿号的菜品,先创建按钮组件需要的二维数组 btn,将备注用顿号分隔成一个一维数组。

第 21 行对备注一维数组循环,每一个备注要创建一个按钮,按钮名称就是备注名称。

第 22 行判断备注是否有"＋"号,如有"＋"号说明要改价格。

第 23、24 行定义按钮组件的事件,给购物车数组的第 1 行插入一行,并刷新选择器。

第 26 行实例化按钮组件,并输出到列表的隐藏行 hidehr.id 中。

上面用汉字将每一行代码进行了解释,尽管使用 for 循环,调用了 indexOf()方法,但可以看出代码并没有比被解释的汉字多多少,实际上只要编程思想明了、代码逻辑清晰,采用低代码编程跟用文字写说明书的行数差不多,这是低代码编程的优势和特色。

将代码复制到 Console 控制台中,按 Enter 键执行后就会显示菜品,单击"青岛啤酒"和"天津包子"两种菜品,就会显示备注供选择,单击备注后,菜品就会加到左侧购物车中,执行的效果如图 5-7 所示。

图 5-7 中的购物车多了一列备注,其中"猪肉白菜"馅的"天津包子"比"韭菜鸡蛋"馅的多了 3 元钱,程序在向购物车添加时就计算了出来。这个展示菜品并选菜到购物车的程序已经接近成熟应用,只用了十几行代码,没有一行重复代码,可以说是一个真正意义上的低代码应用程序。

5.2.6 思考题 5-2:用选择器实现简易进销存系统

商品除了零售,还需要进货、出入库和盘点等操作,如果用选择器来实现这些操作,可以节省大量代码,实现低代码编程。代码 5-6 是用选择器实现的简易进销存代码。

代码 5-6 用选择器实现简易进销存。

```
1  document.write("<style><!-- @keyframes chofoX{0%{transform:translate(0);}
2  100%{transform:translate(-100%);}} --></style>");//仅 Chrome 的 Console 需要
```

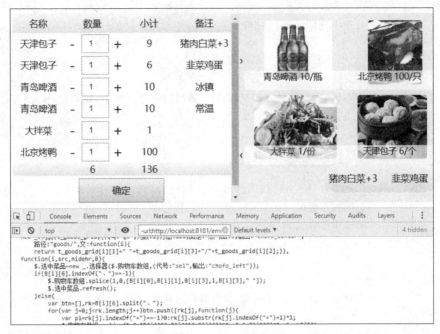

图 5-7　带备注的购物车

3　$.进货数组=[["gs_id",["gs_name"],["sk_price","进货价",{读写:"写"}],
4　　　["sk_number"],["sk_money","小计"]]];
5　$.购物车数组=[["gs_id",["gs_name"],["sllm_price","价格",{类型:"hidden"}],
6　　　["sllm_number"],["sllm_money","小计"]]];
7　$.盘点数组=[["gs_id",["gs_name"],["sllm_price","价格",{类型:"hidden"}],
8　　　["sllm_number","库存数量"],["sllm_money","小计",{类型:"hidden"}]]];
9　new _.层([["chofo",{上:1,左:400,下:1,放缩:true,顶间距:3}]],{代号:"P",边框:0});
10　var t_goodskind_grid=[["序列","名称"],["1","啤酒"],["2","熟食"],["3","凉菜"],
　　["4","主食"]];
11　var t_goods_grid=[["序列","名称","单位","价格","分类","图片","进货价","库存数量"],
12　　　["1","青岛啤酒","瓶","10","啤酒","1-1.jpg;1-2.jpg","5","89"],
13　　　["2","北京烤鸭","只","100","熟食","2-1.jpg;2-2.jpg","30","71"],
14　　　["3","大拌菜","份","12","凉菜","3.jpg","5","57"],
15　　　["4","天津包子","个","6","主食","4.jpg","3","223"]];
16　var P={代号:"goods",列数:2,行高:120,图:5,输出:"chofo_center",路径:"goods/"};
17　$.工具条={
18　　分类:function(){new _.网格(t_goodskind_grid,{代号:"gk",输出:"chofo_left"});},
19　　进货:function(){
20　　　$.选中进货=new _.选择器($.进货数组,{代号:"sel",输出:"chofo_left"});
21　　　P.文=function(i){
22　　　　return t_goods_grid[i][1]+" "+t_goods_grid[i][6]+"/"+t_goods_grid[i][2];
23　　　};
24　　new _.列表(t_goods_grid,P,function(i,src,hidehr,B){

115

```
25          $.进货数组.splice(1,0,[B[i][0],B[i][1],B[i][6],1,B[i][6]]);
26          $.选中进货.refresh();
27      });
28    },
29  零售:function(){
30      $.选中零售=new _.选择器($.购物车数组,{代号:"sel",输出:"chofo_left"});
31      P.文=function(i){
32      return t_goods_grid[i][1]+" "+t_goods_grid[i][3]+"/"+t_goods_grid
        [i][2];
33      };
34      new _.列表(t_goods_grid,P,function(i,src,hidehr,B){
35          $.购物车数组.splice(1,0,[B[i][0],B[i][1],B[i][3],1,B[i][3]]);
36          $.选中零售.refresh();
37      });
38    },
39  盘点:function(){
40      $.选中盘点=new _.选择器($.盘点数组,{代号:"sel",输出:"chofo_left"});
41      P.文=function(i){
42      return t_goods_grid[i][1]+"("+t_goods_grid[i][7]+t_goods_grid[i][2]+")";
43      };
44      new _.列表(t_goods_grid,P,function(i,src,hidehr,B){
45          $.盘点数组.splice(1,0,[B[i][0],B[i][1],B[i][6],B[i][7],B[i][6] * B
        [i][7]]);
46          $.选中盘点.refresh();
47      });
48    },
49  商品:function(){
50      new _.网格(t_goods_grid,{代号:"gg",输出:"chofo_center",图片路径:"
        goods/"});
51    },
52  };
53  new _.工具条(["分类","商品","进货","零售","盘点"],
54  {代号:"toolbar",输出:"chofo_top",无图标:true,选中颜色:"#4b72a5,#4b72a5"});
```

第 1、2 行是 CSS 动画,因为列表组件要用到。

第 3、4 行定义了进货选择器数组,进货时通常要显示上一次进货价,然后改为本次进货价,所以要把第 2 列设置为可写。

第 5、6 行定义了购物选择器数组,跟之前一样,隐藏价格,显示"小计"。

第 7、8 行定义了库存盘点选择器数组,盘点时只关心剩余库存数量,所以"价格"和"小计"都隐藏。

第 9 行实例化层组件,因为进货的列数多,所以左侧宽为 400。

第 10 行定义分类 t_goodskind_grid 数组,映射数据库表,单击"分类"按钮可以显示。

第 11~15 行定义商品 t_goods_grid 数组,增加了"进货价"和"库存数量"两列。

第 16 行将枚举 P 参数提到工具条外部定义,是因为后面进货、零售和盘点都要用到类似的枚举 P 参数,相同代码提取出来做成公共变量,从而减少代码重复。

第 17 行定义枚举工具条,名称是固定的。

第 18 行定义分类按钮响应事件,因为分类列数少,在层组件的左侧区域以网格形式显示 t_goodskind 数组的内容。

第 19 行开始定义"进货"按钮响应事件。

第 20 行定义进货选择器。

第 21～23 行定义列表的文字内容,因为进货时要在列表中看到进货价。

第 24～27 行定义进货列表,列表单击事件是向进货选择器中插入行,并刷新。

第 28 行结束进货按钮响应事件。

第 29～38 行定义零售按钮响应事件,列表文字显示零售价,列表事件是向购物车选择器插入行并刷新。

第 39～48 行定义盘点按钮响应事件,列表文字只显示库存数量和单位,列表事件是向盘点选择器插入行并刷新。

第 49～51 行定义商品按钮响应事件,商品列较多,在层组件的中间区域以网格组件的形式显示商品。

将代码复制到 Console 控制台中,按 Enter 键执行后就会显示菜品,单击"进货"按钮,到达进货选菜页面,单击"盘点"按钮,到达盘点选菜页面,执行的效果如图 5-8 所示。

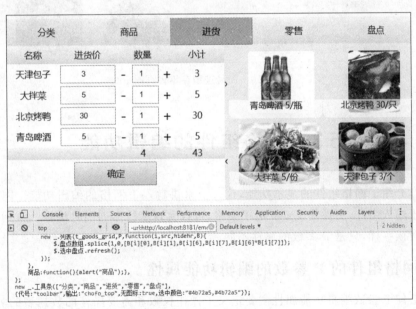

图 5-8　进货时使用选择器选择商品

图 5-8 中的进货选择器比零售的购物车多了一个进货价,每次进货价有可能不同,所以这里的进货价是可以修改的。盘点效果如图 5-9 所示。

图 5-9 中的盘点选择器只有数量,没有价格,说明盘点的时候只看数对不对,不需要看价格。零售效果如图 5-10 所示。

通过比较零售购物车、进货和盘点选择器,就可以知道选择器在不同的应用场景是可以变化的,应该根据应用需求进行合理的设置以满足应用要求。

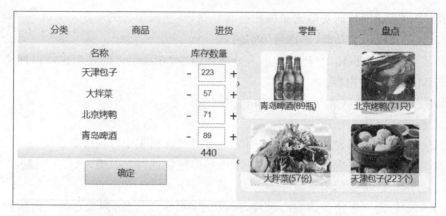

图 5-9　盘点时使用选择器选择商品

图 5-10　简易进销存零售页面

5.3　网格组件的编辑功能

第 4 章介绍了网格组件的显示功能,这一节来讲解一下网格的编辑功能。网格的编辑功能不同于输入组件,更像是 Excel 电子表格,可以实现多行多列同时编辑。调用网格的语句与显示时候一样,只是 P 参数的属性不同。

5.3.1　网格组件的 P 参数的编辑功能属性

网格组件 P 参数编辑功能属性主要定义了操作权限和需要操作的数据表的名称,全部属性如表 5-7 所示。

表 5-7　网格组件 P 参数编辑功能属性说明

中　文	英　文	默认值	参　　数
编辑	edit		跟输入组件的数组 A 相同
表单	form	yes	是否显示表单标签
权限	privileges	增删改	对电子表格的执行权限

续表

中　文	英　文	默认值	参　　数
表名称	tablename		关系型数据库表的名称
主键	mainkey		关系型数据库表的主键
编辑事件	editevt		一般是元素的 onblur 事件
隐藏变量	hidden		需要同时提交的隐藏变量

网格组件是低跳转组件,提交时采用 Ajax 方法以 post 方法提交数据,所以页面不会发生跳转。

5.3.2　案例 5-5:类 Excel 批量编辑同学录

前面用网格和列表显示过同学录,并可以使用输入组件对学生信息进行单个编辑,但是输入组件每次编辑都要提交,不如 Excel 的批量编辑方便,现在有了网格组件的编辑功能,就可以实现类 Excel 的批量录入和编辑功能,代码如下所示。

代码 5-7　用网格组件的编辑功能实现类 Excel 的批量编辑功能。

```
1   var t_class_grid=[["序列","名称","编号","所属系"],
2       ["1","23届1班","2301","计算机系"],
3       ["2","23届2班","2302","计算机系"],
4       ["3","23届3班","2303","计算机系"]];
5   new _.层([["chofo",{上:1,左:1,下:1,放缩:true,顶间距:3}]],{代号:"P",边框:0});
6   $.学生={属性:[["姓名",'st_name'],['性别','st_sex',{类型:"select",值:[[L.男],
    [L.女]]}],
7       ["年龄",'sf_age'],["籍贯",'sf_coutry'],["手机",'st_phone',{最长:20}],
8       ["班级",'st_class',{类型:'select',默认值:'t_class_grid'}],
9       ["照片",'st_photo',{类型:"图片"}],
10      _.序列("sms.st_id")]};
11  $.工具条={
12      学院:function(){alert("学院");},
13      系:function(){alert("系");},
14      专业:function(){alert("专业");},
15      班级:function(){alert("班级");},
16      学生:function(){
17        new _.网格([["序列","姓名","性别","年龄","籍贯","手机","班级","照片"],
18            ["1","张三","男","20","北京","1366666666","1","1.png"],
19            ["2","李四","男","20","上海","1588888888","1","2.png"],
20            ["3","王花","女","19","北京","13611111111","1","3.png"],
21            ["4","赵月","女","19","上海","15811111111","1","4.png"],
22        ],{代号:"classmates",编辑:$.学生.属性,输出:"chofo_center",
23            图片路径:"photo/"},
24        function(i,src,hidehr,j,B){});
25      },
```

```
26        教师:function(){alert("教师");},
27        课程:function(){alert("课程");},
28    };
29    new _.工具条(["学院","系","专业","班级","学生","教师","课程"],
30    {代号:"toolbar",输出:"chofo_top",无图标:true,选中颜色:"#4b72a5,#4b72a5"});
```

上面代码中第1~4行初始化系数组。

第6~10行定义学生表属性,这个属性前面在输入组件用过,现在要在网格中用。

第11~28行定义工具条响应事件。第17~24行以网格形式显示学生信息。第22行代码中网格组件的枚举P属性定义了"编辑"属性,网格组件立刻就有了编辑功能。低代码的特色就是通过简单设置就可以实现高级功能,而不需要编写大量代码。

将代码复制到 Console 控制台中,按 Enter 键执行后最开始页面只显示顶部工具条,单击工具条中的"学生"按钮,执行的效果如图 5-11 所示。

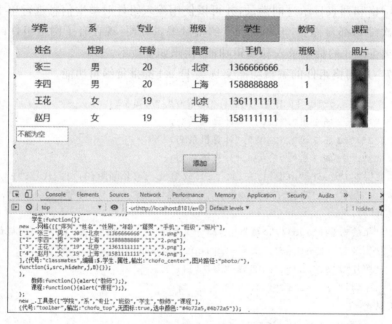

图 5-11　网格组件实现同学录编辑器

在图 5-11 中单击"姓名"或"性别"的任意一列,都可以进行编辑,这样就实现了像 Excel 一样批量修改数据。

另外,也可以从 Excel 中选中数据,只需要三步。

(1) 从 Excel 中选中数据,注意不要选中第1行表头,然后右击,在弹出菜单中选择"复制"命令,如图 5-12 所示。

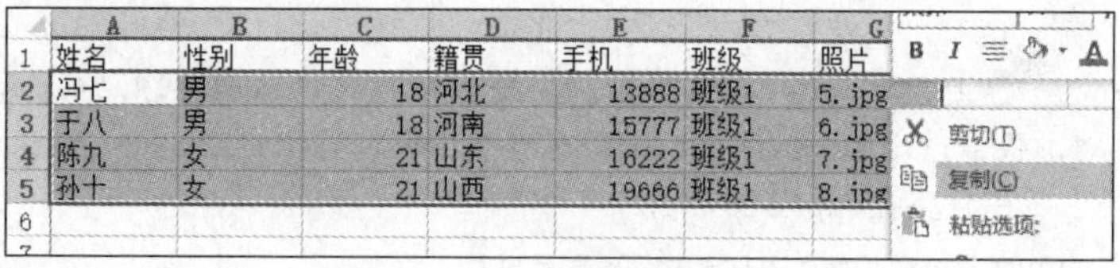

图 5-12　从 Excel 中选中数据

（2）在左上角的空白文本框中按 Ctrl＋V 快捷键，即可批量粘贴数据，效果如图 5-13 所示。

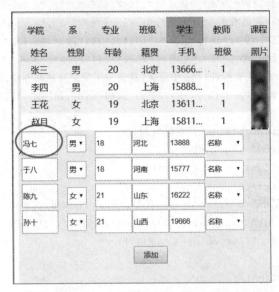

图 5-13　向网格组件中粘贴数据

（3）单击"添加"按钮。

此时，点开 Network 后可以看到 sqls.jsp 的 Form Data，会发现跟选择器提交的内容类似，对中文进行加密，name 后面用阿拉伯数字作为后缀。限于篇幅，这里不再赘述。

5.3.3　思考题 5-3：班级与学生信息的自动联动

前面在讲学生和班级联动的时候，用的是手工修改 t_class_grid 的方法。修改以后，每次都要刷新页面，重新复制并粘贴代码。现在学习了网格的编辑属性，就可以实现自动联动，代码如下所示。

代码 5-8　班级与学生信息的自动联动。

```
1    $.班级={属性:[["名称",'cl_name'],["编号",'cl_nd'],["所属系",'sb_id'],
2        _.序列("sms.cl_id")],
3        第1行:["序列","名称","编号","所属系"]};
4    var t_class_grid=[$.班级.第1行,
5        ["1","23届1班","2301","计算机系"],
6        ["2","23届2班","2302","计算机系"],
7        ["3","23届3班","2303","计算机系"]];
8    $.学生={属性:[["姓名",'st_name'],
9        ['性别','st_sex',{类型:"select",值:[[L.男],[L.女]]}],
10       ["年龄",'sf_age'],["籍贯",'sf_coutry'],["手机",'st_phone',{最长:20}],
11       ["班级",'st_class',{类型:'select',默认值:'t_class_grid',
12       onchange:function(){t_student_grid[$.选中][6]=this.value;}}],
13       ["照片",'st_photo',{类型:"幻灯片",数量:5,尺寸:"80＊100"}],
14       _.序列("sms.st_id")],
```

121

```
15        第1行:["序列","姓名","性别","年龄","籍贯","手机","班级","照片"]};
16   var t_student_grid=[$.学生.第一行,
17        ["1","张三","男","20","北京","1366666666","1","1.png"],
18        ["2","李四","男","20","上海","1588888888","1","2.png"],
19        ["3","王花","女","19","北京","1361111111","1","3.png"],
20        ["4","赵月","女","19","上海","1581111111","1","4.png"]];
21   /*以上代码应该在美元构件$.js中定义,这里为了复制并粘贴方便,统一写在这里*/
22   new _.层([["chofo",{上:1,左:200,下:1,放缩:true,顶间距:3}]],{代号:"P",边框:0});
23   $.工具条={
24        学院:function(){alert("学院");},
25        系:function(){alert("系");},
26        专业:function(){alert("专业");},
27        班级:function(){
28            new _.网格(t_class_grid,{代号:"class",编辑:$.班级.属性,
29                输出:"chofo_left",保存:true,表名称:"t_class"},
30            function(i,src,hidehr,j,B){});
31        },
32        学生:function(){
33            new _.列表(t_student_grid,{代号:"student",列数:2,行高:120,图:7,
34                输出:"chofo_center",路径:"photo/"},
35            function(i,src,hidehr,B){$.选中=i;
36                new _.输入($.学生.属性,
37                    {代号:"input",输出:"chofo_left",列数:1,行高:48,图片路径:"photo/",
38                        提交:"下",保存:true,网格:{数组:B,行:i}});
39                new _.工具条(["入学","奖励","惩戒","毕业","就职"],
40                    {代号:"bar"+i,输出:hidehr.id,无图标:true,宽:80});
41            });
42        },
43        教师:function(){alert("教师");},
44        课程:function(){alert("课程");},
45   };
46   new _.工具条(["学院","系","专业","班级","学生","教师","课程"],
47   {代号:"toolbar",输出:"chofo_top",无图标:true,选中颜色:"#4b72a5,#4b72a5"});
```

上面代码中第1~21行是$.js的内容,定义了班级表和学生表的属性,初始化了班级表和学生表的数据。

第27~31行定义了班级按钮的响应事件,以可编辑网格形式显示班级信息,注意网格的枚举P参数定义了两个属性"保存:true,表名称:"t_class"","保存"的属性为true,表示在客户端保存信息,"表名称"为t_class的意思是:数据库表格的名称是t_class,客户端则使用t_class_grid二维数组保存班级信息,即自动增加_grid后缀。

第32~42行定义学生按钮的响应事件,以列表形式显示学生信息,其中第38行定义了输入组件枚举P参数的"保存"属性为true,因此修改学生信息会在客户端保存。

以上代码跟前面的代码没有很大区别,区别是增加了两个属性,进行简单修改就实现了表跟表之间的关联,所有联动都在前端完成,是低代码计算前置框架的特色。

　　将代码复制到 Console 控制台中,按 Enter 键执行后最开始页面只显示顶部工具条,单击工具条中的"学生"按钮,会显示 4 位学生的照片列表,此时,再单击"班级"按钮,左侧会显示班级信息,执行的效果如图 5-14 所示。

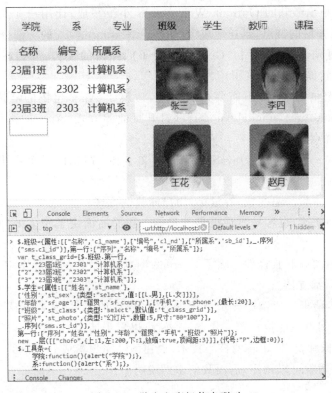

图 5-14　学生和班级信息联动

　　在图 5-14 中,如果对班级进行了修改,修改班级名称,或者增加一个新的班级,再单击学生的照片,就会发现班级的下拉选择中显示的是修改后的班级,此时选择另外一个班级,这个学生所属班级就发生了修改。这样就实现了班级和学生信息的自动联动。

　　需要注意的是,修改后的数据并没有提交到后端,每次刷新页面后,数据依然会恢复到代码中的初始内容。

　　学会了班级和学生联动,在简易进销存程序的枚举"工具条"中同样增加"保存"和"表名称"属性,就可以实现商品和分类的联动,有了商品和分类联动,简易进销存程序就更完整了。这个作为练习作业,本章就不再赘述了。

5.4　Ajax 组件

　　Ajax 是 Asynchronous JavaScript and XML 的缩写,即异步 JavaScript 和 XML 的意思,但是现在 Ajax 更多的是传输 JavaScript,而不是 XML。下画线构件中的 Ajax 组件不是 UI 组件,它只负责将数据从前端没有中文名称,调用时也不需要实例化,Ajax 参数与 UI 组件也不相同,第一个参数 url 不是数组,而是一个字符串,所以其调用语句如下:

```
_.ajax(url,P);
```

5.4.1 Ajax 技术的基本概念

Ajax 技术最早由微软的 Outlook Web Access 小组写成,让用户在发邮件时可以便捷访问页面,因为低弹窗的特点,迅速地成为 Internet Explorer 4.0 的一部分。但是此后 Ajax 几乎就沉寂了,直到 2005 年年初,Google 发现了低弹窗的优势,开始在搜索引擎中使用 Ajax 实现常用搜索提示,这才变得广为人知。

因为并不需要重开窗口,不需要再次寻址,造就了 Ajax 超快的链接速度,但相对于 window.open、iframe、showmodaldialog 这些打开页面的方式,Ajax 的优势不仅是速度快,它至少还有以下优点。

(1)节省带宽。因为使用 JavaScript 传送文本比 HTML 字符更少,显然可以节省带宽。

(2)提升用户体验。速度快,容量小,用户体验就更好。

(3)开发更加便捷,也容易实现更多的功能。我们前面讲了很多低弹窗低跳转 UI,足以说明问题。

(4)有很好的浏览器兼容性。除了 Chrome 浏览器,微软的老版本 IE、Edge,以及苹果的 Safari 等浏览器都支持。

(5)支持异步请求。所谓的异步请求,就是多线程请求,浏览器默认是单线程的,也就是同步的,同一时间点只能执行单一任务,Ajax 可以异步请求,也就是多任务的。

Ajax 技术是低弹窗、低跳转的核心技术,现在已经完美集成到下画线构件中,成为一个组件,只需要一句话就可以调用,后面我们举例说明。

5.4.2 Ajax 组件中参数 P 的含义

下画线构件的 Ajax 组件的 P 参数主要用来定义提交参数,以满足不同的提交需求,全部 P 参数的属性如表 5-8 所示。

表 5-8 Ajax 组件 P 参数全部属性说明

中　文	英　文	默认值	参　　　数
代号	id	null	组件代号
异步	syn	false	默认为同步
方法	funame		当调用成功后执行的方法
轮询	polling	false	轮询是指重复调用 url
总次数	total		轮询的总次数
次数	time		当前轮询的次数
暂停	timeout	200	轮询时两次的时间间隔
调试	debug	false	是否调试
提示	alert		识别时的提示

从表 5-8 中参数可以看出，Ajax 组件已经不仅是简单地调用 url，还封装了轮询功能。这对于实现类似于聊天等通信功能非常实用。

5.4.3　案例 5-6：查看 Ajax 提交的数据

前面我们已经通过输入组件和选择器组件看过 Ajax 提交的数据，但是还没有用 Ajax 调用过 url，所以本小节来完善一个例子，就是单击"学生"出现的工具条按钮，总是弹出提示对话框，这一次改为 Ajax 响应，代码如下所示。

代码 5-9　单击按钮后使用 Ajax 调用。

```
1   var t_student_grid=[["序列","姓名","性别","年龄","籍贯","手机","班级","照片"],
2       ["1","张三","男","20","北京","1366666666","1 班","1.png"],
3       ["2","李四","男","20","上海","1588888888","1 班","2.png"],
4       ["3","王花","女","19","北京","13611111111","1 班","3.png"],
5       ["4","赵月","女","19","上海","15811111111","1 班","4.png"],
6   ];
7   new _.层([[["chofo",{上:1,左:200,下:1,放缩:true,顶间距:3}]],{代号:"P",边框:0});
8   $.工具条={
9       学院:function(){alert("学院");},
10      系:function(){alert("系");},
11      专业:function(){alert("专业");},
12      班级:function(){alert("班级");},
13      学生:function(){
14          new _.列表(t_student_grid,
15          {代号:"classmates",列数:2,行高:120,图:7,输出:"chofo_center",路径:"
                photo/"},
16          function(i,src,hidehr,B){$.选中=i;
17              new _.输入([["姓名",'st_name'],
18              ['性别','st_sex',{类型:"select",值:[[L.男],[L.女]]}],
19              ["年龄",'sf_age'],["籍贯",'sf_coutry'],
20              ["手机",'st_phone',{最长:20}],["班级",'st_class'],
21              ["照片",'st_photo',{类型:"图片"}],_.序列("sms.st_id")],
22              {代号:"input"+i,输出:"chofo_left",列数:1,行高:48,图片路径:"photo/",
23                  提交:"下",网格:{数组:B,行:i}});
24              new _.工具条([["入学","奖励","惩戒","毕业","就职"],
25              {代号:"bar"+i,输出:hidehr.id,无图标:true,宽:80});
26          });
27      },
28      教师:function(){alert("教师");},
29      课程:function(){alert("课程");},
30      入学:function(){_.ajax("sqls.jsp?act=in&st_id="+t_student_grid[$.选中]
        [0]);},
31      奖励:function(){_.ajax("sqls.jsp?act=award&st_id="+t_student_grid[$.选
        中][0]);},
32      惩戒:function(){_.ajax("sqls.jsp?act=punish&st_id="+t_student_grid[$.
```

低代码 JS UI 构件实现 Web 前端快速开发(微课视频版)

```
选中][0]);},
33    毕业:function(){_.ajax("sqls.jsp?act=out&st_id="+t_student_grid[$.选
      中][0]);},
34    就职:function(){_.ajax("sqls.jsp?act=job&st_id="+t_student_grid[$.选
      中][0]);},
35  };
36    new _.工具条(["学院","系","专业","班级","学生","教师","课程"],
37    {代号:"toolbar",输出:"chofo_top",无图标:true,选中颜色:"#4b72a5,#4b72a5"});
```

代码复制到 Console 控制台中,按 Enter 键执行后最开始页面只显示顶部工具条。单击工具条中的"学生"按钮,会显示 4 位学生的照片列表,此时,再单击序列为 3 的"王花"的照片,下面会显示工具条,单击工具条中的"奖励"按钮,就可以打开 Network,找到 sqls.jsp 并单击,就会出现图 5-15 所示效果。

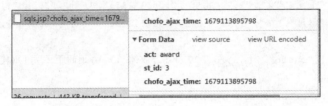

图 5-15　查看 Ajax 调用的 url 和提交的数据

在图 5-15 中,Form Data 提交了 act 参数值为 award 以及 st_id 参数的值为 3,说明浏览器正确地提交了我们的操作。单击其他同学、其他按钮,award 和 st_id 的值也会发生变化,可以多测试几次,以便于数量掌握。

5.5　小　　结

本章着重讲解了低代码组件中的输入组件,并实现了多表联动、购物车、批量编辑等常见的软件操作。之前实现这些功能,往往需要成百上千行的代码,使用了低代码组件后,代码量就减少到了几十行,甚至十几行。

这些低代码组件因为使用了 Ajax 技术,同时也实现了低弹窗、低跳转功能,大大加快了网页的响应速度。若能结合后端低代码框架一起编程,可以实现高速的 B/S 架构应用。

到此为止,前端显示和输入组件基本讲完了。这里还需要再补充一个知识点,就是前后端解耦。软件工程是一个脑力密集型行业,需要多工种协作,良好的协作是有利于工程进展的,但也有因为沟通协作不畅导致软件工程项目风险产生的情况。

传统开发方式因为前后端技术上耦合度比较高,前后端协作沟通比较频繁,风险自然也就成倍上涨。周服低代码构件使用低弹窗框架使得前后端解耦,减少沟通,既带来了开发效率的提升,也降低了沟通风险。

126

第 6 章　会员预订消费管理系统

前面几章介绍了组件的功能、参数以及事件方法,并通过数个低代码案例,讲解了 JavaScript 如何调用布局、显示、输入组件,实现批量数据显示与输入。本章使用前面的知识来做一个综合性的前端系统:会员预订消费管理系统。这个前端系统具有前端保存功能,因此可以添加、修改、查询数据,可以实现简易的进销存功能、会员关联功能以及预订管理功能,有完整的物流、资金流和信息流的流转过程。

对于会员预订消费管理系统,每个人都不陌生,但是本章讲解的编程实现方式是创新的、有挑战性的。

编程的创新点在于数据保存的完整性,即不仅显示了前端静态页面,还保存了所有用户操作的数据,用户在操作时完全感知不到没有后端和数据库,操作完全无障碍。这对于理解一个完整系统的数据流转有很大帮助。

挑战性在于整个系统是低代码的,代码量总计只有 200 多行,可以将程序一行一行拆解开来,仔细讲解,这对于掌握编程代码细节有很大帮助。

6.1　系统工程与需求分析

会员预订消费管理系统几乎是每个网民都使用过的系统,如日常生活在线订票、在线订餐、日常工作预订会议室、出差旅行预订酒店房间,都是预订管理系统的常用功能。之前大多数人只是作为用户知道软件如何使用,也就是知道软件的功能模块和功能需求,但不知道预订系统是怎么开发的。本节就从建立工程开始,分析需求的组成,最终用低代码编程实现系统的前端。

6.1.1　创建工程文件夹

第 2 章已经举例将 demo 文件夹保存到本地,创建工程文件夹就可以在 demo 文件夹上进行,具体步骤如下。

(1) 在 web 文件夹下复制并粘贴 demo,然后将新文件夹改名为 bms,bms 是 Booking Management System 的缩写。

(2) 复制 bms 的 pc.htm,粘贴 3 次,然后将新文件分别改名为 index.htm、phone.htm 和 pad.htm,这 3 个文件留着备用。

(3) 在 bms 下创建两个空文件,一个是 sqls.jsp,另一个是 upload.jsp,这两个文件可以让 Ajax 调用的时候浏览器不报错。

(4) 在 bms/read 下创建 select.jsp、refresh.jsp 和 report.jsp 三个空文件,道理同上。

(5) 在 bms/write 下创建 logs.jsp 空文件,道理同上。

(6) 在 bms/ico 下复制 home.png、goods.png、client.png、book.png 等几个图标备用,以后还会持续创建图标。

所有文件夹和文件创建完毕以后,形成的文件夹结构如表 6-1 所示。

表 6-1　文件夹结构

一级文件夹	二级文件和文件夹	三级文件
bms	js	_.js $.js lg.js
	ico	home.png goods.png client.png book.png
	read	select.jsp refresh.jsp report.jsp
	write	logs.jsp
	image	
	index.htm	
	pc.htm	
	pad.htm	
	phone.htm	
	sqls.jsp	
	upload.jsp	

注:表 6-1 中的文件有的没有在本章项目中用到,但是在实际项目中肯定会用到。

6.1.2　创建工程文件

软件开发是一项工程,每次开发以前都需要创建工程文件,一般开发工具都支持以工程的方式管理源文件,这里选取轻量级的开发工具 NotePad 介绍一下创建工程文件的步骤。

(1) 在 NotePad 上创建一个工程,可以叫作 bms。

(2) 保存完毕,在 NotePad 上右击 bms 文件夹,选择"从目录添加文件"命令,找到 Web 下的 bms 文件夹,即可将全部文件和文件夹导入,如图 6-1 所示。

(3) 右击工作区,保存整个工程设置。

(4) 用 Chrome 浏览器打开 pc.htm,即可进行本地调试。

采用以上步骤创建工程文件,可以在本地修改、调试,

图 6-1　将工程文件按目录
　　　　导入 NotePad

并保存中间修改结果。

6.1.3　功能需求分析

用低代码框架开发信息系统,首先要从宏观层面对整个系统有所了解并有所把握,对物流、资金流和信息流这三种流有较为清楚的理解。

所谓物流,是指物品是如何实现供应商→商店→客户的流转过程。

所谓资金流,是指资金如何实现客户→商店→供应商的流转过程。

所谓信息流,通常是指对物流和资金流以及其他信息活动的记录。例如,客户预订实际是发送预订信息给商家,系统要记录此信息。客人到店消费及结账是物流和资金流在流转,信息系统也需要记录。

了解清楚这三大流,然后要分析哪些流转过程可以从技术层面使用信息系统来设计,此时就需要弄清楚以下 4 个问题。

(1) 会员预订消费管理系统的主要功能是什么?

(2) 会员预订消费管理系统可以分为哪几个模块?

(3) 在这些模块中,哪些是数据模块?哪些是动作模块?

(4) 哪些模块可以做成工具条的按钮并放在工具条上?

对于第 1 个问题,从消费者角度来说,首先是预订位置,在餐厅中是预订哪个房间的哪个桌位,在影院中,就是预订哪个放映厅的几排几号。然后在预订的时候,可以选择要消费的内容,在餐厅中是选菜,在影院中是选电影。

从商家角度来说,需要查看顾客的预订记录,并准备相应的消费品,如果消费品有库存,则直接出库;否则要联系进货。

要解决第 2 个关于功能模块的问题,需要根据主要功能进行拆分,首先是对房间和位置这些基础数据的管理,然后是预订管理、查看预订记录、在预订单上添加消费品,顾客进店以后预订单就转为消费单,可以继续消费。

商家进货要有进货单,进货单要有明细,每周还得对库存进行盘点。

要回答第 3 个问题,得分清楚动名词。数据模块通常是名词,而动作模块是动词。显然,房间、位置、消费品、会员、预订单、消费单、进货单这些是名词,而预订、进货、盘点这些是动词。

要解决第 4 个问题,需要一些系统设计经验。答案是:通常需要初始化的数据、最常用的功能都需要放到工具条上。这样,房间、位置、分类、商品、会员、预订、预订记录、供应商、进货、盘点这些按钮都要放到工具条上。

需求采集和分析时需要认识到:需求通常不是一次性采集的,后期都会有一个需求变更的过程,使用低代码的优势是可以根据简单需求快速搭建出系统模型,客户根据系统模型可以进一步明确需求,从而减少需求变更的次数。

6.1.4　前端页面布局与工具条设计

完成需求分析,就可以使用低代码的布局组件先完善页面布局,布局需要用到层组件和工具条组件。按照需求分析,工具条的内容应该有房间、位置、分类、商品、会员、预订、预订记录、供应商、进货、盘点等内容。因为这里面的房间和位置数据是静态数据,是软件安装完毕首先需要录入的。另外,预订以后还必须要有预订记录查询入口,所以工具条还要增加一个预订记录按钮。系统的布局代码在 pc.htm 中编辑,代码如下所示。

代码 6-1 会员预订系统的布局。

```
1    <html><head><meta http-equiv="X-UA-Compatible" content="IE=6">
2    <meta http-equiv="Content-Type" content="text/html; charset=UTF-8" />
3    <meta name="apple-mobile-web-app-capable" content="yes" />
4    <meta name="viewport" content="initial-scale=1.0, minimum-scale=1.0,
     maximum-scale=1.0,
5    user-scalable=no"/>
6    <meta http-equiv="Pragma" content="no-cache">
7    <meta http-equiv="Cache-Control" content="no-cache">
8    <meta http-equiv="Expires" content="0">
9    <style><!-- @keyframes chofoRotateX{0%{transform:rotate(360deg);}
10   100%{transform:rotate(0deg);}} @keyframes chofo{0%{transform:translate(0);}
11   100%{transform:translate(-100%);}} @keyframes
12   chofoRotateY { 0% { transform: rotateY (360deg);} 100% { transform: rotateY
     (0deg);}} --></style>
13   <title>会员预订消费管理系统</title>
14   <script src="js/_.js?v=0"></script>
15   <script src="js/$.js?v=0"></script><script src="js/lg.js?v=0"></script>
16   </head><body><script>
17   new _.层([["chofo",{上:48,左:400,下:48,放缩:true}]],{代号:"bms"});
18   new _.工具条([["房间","位置","分类","商品","会员","预订","预订记录","供应商","进货",
19   "盘点"],{代号:"toolbar",输出:"chofo_top",无图标:true});
20   </script>
21   </body>
22   </html>
```

上面代码不需要全部复制到 pc.htm 中,因为第 1~15 行的文件头定义了 meta、css 和 js 文件,前面已经作过介绍,pc.htm 中本来就有,只有第 13 行定义了软件系统的标题,这个标题会显示在浏览器标题栏中,这里需要修改一下 pc.htm。

第 17 行定义了层,层的左侧宽度为 400,左侧宽度在详细设计时可以根据表单内容进行调整。

第 18 行是实例化工具条,工具条的数组 A 参数是一维数组,数组内容是根据需求分析的功能模块设计出来的。

第 19 行定义工具条的枚举 P 参数,输出位置在层组件的顶部,暂时设置为无图标,详细设计时会加图标。

从上面的代码可以看出,布局设计只有第 13、18~20 四行代码,也就是说只需要将这四行代码复制到 pc.htm 中。这四行代码中,大多数代码与前面的内容类似,只有第 13、18 行的中文与前面不同,也就是说,本次编程只是根据需求改了几个汉字,这是低代码中文编程的典型特征。代码编写完毕并保存后,双击 pc.htm 用 Chrome 浏览器打开,如图 6-2 所示。

图 6-2 中地址栏以 file 协议开头,不是 http 协议,意味着程序在本地访问,而不是以

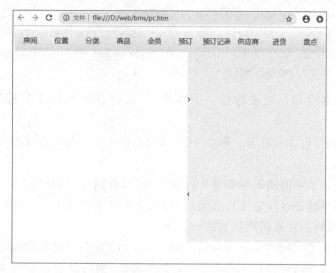

图 6-2　会员预订消费系统布局效果图

Web 形式访问，也就是说调试在本地进行。图 6-2 中工具条内容与设计内容相符，与需求功能模块相符。

不过，此时的工具条按钮的响应事件还没有定义，所以单击按钮页面没有反应，要定义按钮响应事件，就得进行数据逻辑设计。

6.2　美元构件与数据逻辑设计

工具条设计完毕后就要设计工具条按钮的响应事件，即设计单击工具条按钮后，页面显示什么内容。此时就进入数据逻辑环节。

在数据逻辑环节，主要的开发任务如下。

(1) 各数据表包含的属性，供输入组件使用。

(2) 各数据表的第一行的表头，供网格组件使用。

(3) 各数据表有无关联关系，供"保存"属性使用。

在美元构件中完成数据逻辑设计，即工具条的每个按钮都要包含哪些属性以及第一行表头显示哪些内容。

6.2.1　房间和位置的属性与第 1 行表头

房间和位置是一种典型的数据组合，这是一种空间数据结构。在电影院中，它们可以是放映厅和座椅；在餐厅中，它们可以是房间和桌位；在酒店中，它们可以是包间和床位；在仓库中，它们可以是货架和货位。总之只要掌握了房间和位置的数据逻辑关系，此类数据的属性和第 1 行表头就会定义了。先来看一下下面代码，然后针对代码进行讲解。

代码 6-2　房间和位置的属性和第 1 行表头。

```
1  $.房间={英文:"room",属性:[["名称",'rm_name'],["编号",'rm_nd'],["楼层",'rm_floor'],
2  ["说明",'rm_remark'],_.序列(_.db+".rm_id")],
```

131

```
3    第 1 行:["序列","名称","编号","楼层","说明"]};
4    $.位置={英文:"place",属性:[["名称",'pl_name'],["编号",'pl_nd'],
5    ["所属房间","rm_id",{类型:"select",值:"t_room_grid"}],_.序列(_.db+".pl_id")],
6    第 1 行:["序列","名称","编号","所属房间"]};
```

上面代码中,房间和位置被称作一个数据表,它们通常是后端关系型数据库表格的映射。

每个数据表通常包含三部分:英文名称、属性和第 1 行。具体含义在 2.2.3 小节已经讲过,这里不再赘述。

第 1～3 行定义了房间的属性和第 1 行表头,可以看到,房间有"名称""编号""楼层"和"说明"四个属性,当然还可以定义房间面积多大、有多少个位置等,可以根据业务需求增加属性,定义完毕,房间的可编辑网格如图 6-3 所示。

第 4～6 行定义了"位置"的属性和第 1 行表头。"位置"有"名称""编号"和"所属房间"三个属性。在电影院中,可以增加第几排、第几列属性,也可以通过编号来区分行列,比如 0101 可以是第 1 排第 1 号,1818 为第 18 排 18 号,这个编号是系统管理员根据店铺实际情况自己定义的。

注意第 6 行的"所属房间"属性,它的类型是 select,值是 t_room_grid,按照第 4 章讲的关联关系,意味着所属房间是从房间数据中取值,所以在可编辑网格中会自动显示下拉菜单,如图 6-4 所示。

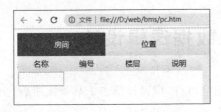
图 6-3　房间的第 1 行表头

图 6-4　"位置"的"所属房间"属性

6.2.2　分类和商品的属性与第 1 行表头

分类和商品也是典型的数据组合,叫作物品数据结构。在商场中是商品分类和商品;在餐厅中是菜谱分类和菜品或酒水;在水果店中是水果分类和水果;在服装店中是服装分类和服装鞋帽。

分类通常是有层次的,有一级分类和二级分类,为了区分不同层次的分类,通常会给分类一个编号。

代码 6-3　分类和商品的属性和第 1 行表头。

```
1    $.分类={英文:"goodskind",属性:[["名称",'gkd_name'],["编号",'gkd_nd'],
2    _.序列(_.db+".gkd_id")],
3    第 1 行:["代号","名称","编号"]};
4    $.商品={英文:"goods",属性:[["名称",'gs_name'],["单位",'gs_unit'],["价格",'gs_unit'],
5    ["备注",'gs_remark'],["图片",'gs_image'],["进货价",'gs_stockprice'],
```

```
6    ["库存数量",'gs_number'],["所属分类","rm_id",{类型:"select",值:"t_goodskind_grid"}],
7    _.序列(_.db+".gs_id")],
8    第 1 行:["序列","名称","单位","价格","备注","图片","进货价","库存数量"]};
```

第 1～3 行定义了分类的属性和第 1 行表头,可以看到,分类有名称和编号两个属性,其实还可以定义上一级分类、分类说明等属性,也可以为分类定义图片属性,这里都省略了,以后遇到实际需求时增加即可,只有两个属性的"分类"可编辑网格如图 6-5 所示。

第 4～8 行定义了商品的属性和第 1 行表头。一般系统中,商品的属性最少有数十个,这里只定义了"名称""单位""价格""备注""图片""进货价""库存数量"和"所属分类"8 个属性。如果销售的是书籍,需要"作者""页数"属性;如果是服装,还需要"尺码""颜色"属性;如果是药品,需要"批号"和"规格"属性。低代码框架添加属性方便是优势之一。

注意第 6 行的"所属分类"属性,它的类型是 select,值是 t_goodskind_grid,意味着所属分类是从分类数据中取值,所以在可编辑网格中会自动显示下拉菜单,如图 6-6 所示。

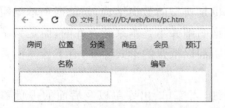

图 6-5　分类的属性

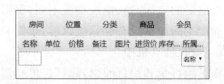

图 6-6　商品的"所属分类"属性

6.2.3　供应商和会员的属性与第 1 行表头

供应商代表的是公司类型的数据,是组织结构,像公司、学校、工厂、政府、采购商、参展商等都可以定义类似的数据类型和表头。

会员代表的是人物类型的数据,会有姓名、性别、手机号等属性,类似员工、客户、教师、学生、医生、病人等都可以采用类似的数据类型和表头。

代码 6-4　供应商和会员的属性和第 1 行表头。

```
1    $.会员={英文:"client",属性:[["姓名",'ct_name'],["电话",'ct_phone'],
2    ["性别",'ct_sex',{类型:"radio",值:[["男"],["女"]],选中:"男"}],
3    ["密码",'ci_psword',{类型:"password"}],_.序列(_.db+".ct_id")],
4    第 1 行:["序列","姓名","电话","性别","密码"]};
5    $.供应商={属性:[["名称",'pro_name'],["联系人",'pro_connector'],
6    ["电话",'pro_phone'],_.序列(_.db+".pro_id")],
7    第 1 行:["序列","名称","联系人","电话"]};
```

上面代码中,第 1～4 行定义了会员的属性和第 1 行表头,可以看到,会员有"姓名""电话""性别"和"密码"四个属性,"性别"属性的类型为 radio,"密码"属性的类型为 password,在 password 类型的文本框中输入内容,会显示为黑点,如图 6-7 所示。

第 5～7 行定义了供应商的属性和第 1 行表头。供应商属于组织结构的一种,复杂的组织机构可能会分很多层级,比商品分类的层级还要多,有的还需要有省市属性,系统设计时根据需求增加属性即可,这里的供应商只有一层,属性简单,截图从略。

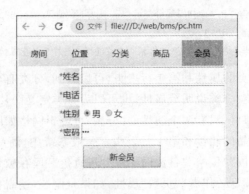

图 6-7 会员属性

6.2.4 预订单和预订明细的属性与第 1 行表头

因为预订而产生的预订单和预订明细数据,也是典型的数据结构,是单据和单据明细结构。与前面的空间、物、组织和人不同,单据和单据明细并不是本来就存在的,而是为了记录信息而产生的。在没有计算机以前,单据和单据明细以纸张的形式存在,有了计算机系统以后,就存储在计算机中。

除了预订单和预订明细,像销售单和销售明细,入库单、出库单以及后面的进货单等都是类似结构。

不同的单据和明细存储显示的内容是不同的,预订单和预订明细存储显示的内容取决于现实中预订业务的流程以及要记录的内容。

预订的方式通常有电话预订和手机自助预订两种,限于没有后端同步数据,不方便进行手机预订演示,这里的预订流程是指电话预订流程。电话预订的流程通常是这样的。

(1) 顾客打电话,接线员根据手机号来查询是不是会员。

(2) 询问顾客订什么日期的什么房间、什么时候到达、人数多少,并确认是不是已被预订。

(3) 如果没有被预订,则问一下还有什么要求;如果已被预订,则改为其他时间。

(4) 核实一遍信息,然后提交。

根据以上业务流程和要记录的信息,预订单和预订明细的属性和第 1 行表头代码如下。

代码 6-5 预订单和预订明细的属性和第 1 行表头。

```
1  $.预订单={英文:"book",属性:[[["手机号","ct_phone"],["姓名","ct_name"],
2  ["性别","ct_sex",{类型:"radio",默认值:[["男"],["女"]],选中:"男"}],
3  ["人数","bt_number",{默认值:3}],
4  ["日期","bt_bdate",{类型:"日历",日期:_.day(1),天数:35,月:"中右"}],
5  ["到达时间","bt_btime",{类型:"radio",列数:2,默认值:[["10"],["11"]]}],
6  ["时长","bt_timelast",{类型:"radio",列数:2,
7  默认值:[["30","30分钟"],["60","60分钟"]],选中:"60"}],
8  ["位置","pl_id",{类型:"列表",数组:"t_place_grid",分类:3}],
9  ["备注","bt_name",{类型:"null",列数:2}],],_.序列(_.db+".bk_id")],
10  第1行:["序列","预定时间","位置","姓名","手机","人数","到达日期","到达时间",
11  "预离时间","备注"]};
```

134

```
12  $.预订单明细={英文:"book_goods",缩写:"bk",属性:[],
13  第 1 行:["序列","商品","数量","总计"]}};
```

上面代码中,第 1～11 行定义了预订单,第 12、13 行定义了预订单明细。

预订单中有会员信息,也有预订信息,包括预订日期、预订位置和备注等。其他预订日期的类型是日历,单击"预订"按钮后显示效果如图 6-8 所示。

在图 6-8 中因为使用了类型"日历",所以显示了一个日历组件,日历组件可以被单独调用,也可以跟幻灯片组件一样,嵌入输入组件中。日历组件的枚举 P 参数将在 6.3.4 小节中讲解。

6.2.5　进货和盘点的属性与第 1 行表头

在日常经营中,进货的方式与步骤有多种,比如打电话让供应商送货、自行外出采购,或者接受上门营销等,这些进货行为,有的有采购计划,有的没有。限于篇幅,这里不能讲解全部进货功能,只挑选最为重要的进货功能设计,就是从供应商进货。

供应商进货功能是一种典型的用单据描述的经营活动。在没有信息系统的时候,进货日期、进货明细都是写在纸上,如图 6-9 所示。

图 6-8　预订效果图

图 6-9　纸张进货单据

用信息系统描述图中的单据,通常要做两个一对多的表格,一个叫作单据,另一个叫作单据明细。单据存放不重复的表头和表尾,而单据明细存放重复的多行内容。预订单和预订明细就是单据和单据明细关系,只不过纸张管理时没有进货单这样标准的格式。

按照这个规律,进货单需要有"进货日期""供应商""经办人"等内容,而进货明细则需要有"商品""单位""数量""价格""金额小计"等内容。

如果盘点很复杂,理论上也需要建立盘点单,这里我们不建立盘点单,也不建立盈亏单,只是将盘点作为一次操作日志来记录,这样读者可以比较一下使用单据和单据明细记录动作信息以及用日志记录动作信息的区别。先看一下代码 6-6。

代码 6-6 进货单和进货明细属性和第一行表头。

```
1    $.进货单={英文:"stock",缩写:"sk",属性:[["名称","sk_name",{类型:"hidden"}],
2    ["供应商","pro_id",{类型:"select",默认值:"t_provide_grid"}],
3    ["送货日期","sk_deliverydate",{类型:"日历"}],_.序列(_.db+".sk_id")],
4    第1行:["序列","名称","日期","供应商","操作员","送货日期","总计","已付"]};
5    $.进货单明细={英文:"stock_goods",缩写:"sk",属性:[],
6    第1行:["序列","商品","数量","成本价","总计"]};
7    $.盘点记录={属性:[],
8    第1行:["序列","商品","盘前数量","盘后数量","盈亏数量","价格","盈亏总计"]};
```

第 1~6 行是进货单和进货单明细,实际进货时,一个供应商会送多种货,是一对多关系,在线下用纸张管理时,多种货会写在一张进货单上。

第 7、8 行没有做盘点单,是因为假设商品数量较少,可以以商品为单位进行盘点,盘过一条商品就是一条记录。

如果商品较多,需要进行分类盘点和分仓库盘点,此时就需要一个分类或者一个仓库做成盘点单,遇到此类商品复杂的业务系统时酌情修改即可。低代码对不同业务形态的定制编程是非常便利的。

6.3 pc.htm 页面概要设计

在概要设计环节,主要的开发任务如下。

(1) 根据美元构件中的数据逻辑关系,在多语言构件中完善所有中文和英文的对照。

(2) 根据多语言构件中的英文翻译,找到工具条按钮对应的图标,并存放到 ico 文件夹下。

(3) 在 pc.htm 中编写工具条按钮的事件相应代码,将网格和输入组件的枚举 P 参数的"保存"属性设为 true,使得前端可以保存数据。

6.3.1 在多语言构件 lg.js 中实现中英文对照

在美元构件中定义了属性后,需要在多语言构件定义所有属性的中英文对照,这是第 2 项任务。第 2 章已经讲过如何在 lg.js 中添加内容,演示系统也整理了一个较长的中英文对照,可以直接拿来使用,这里再挑几个中文名词作一遍对照,以便于巩固掌握流程,代码如下所示。

代码 6-7 会员预订消费系统的多语言构件内容。

```
1    var language=[["中","日","英"],
2    /*b*/
3    ["编号","","Code"],
```

```
 4    /*c*/
 5    ["仓库","","Storage"],
 6    /*d*/
 7    ["电话","Tel","Phone"],
 8    /*f*/
 9    ["分钟","分","Minutes"],
10    /*g*/
11    ["供应商","","Provider"],
12    /*h*/
13    ["会员","会员","Client"],
14    /*j*/
15    ["进货","","StockGoods"],
16    /*k*/
17    ["开房","チェックイン","Open"],
18    /*l*/
19    ["联系人","","Connector"],
20    /*m*/
21    ["密码","パスワード","Password"],
22    ["名称","","Name"],
23    /*n*/
24    ["男","","Male"],
25    ["女","","Female"],
26    /*p*/
27    ["盘点","","Check"],
28    /*q*/
29    ["确定","OK","OK"],
30    ["取消","キャンセル","Cancel"],
31    /*r*/
32    ["人数","","PeopleNum"],
33    /*s*/
34    ["商品","","Goods"],
35    ["商品分类","","Category"],
36    ["时间","时刻","Time"],
37    ["收款","勘定","Payed"],
38    ["手机号","Tel","Tel"],
39    /*t*/
40    ["退房","チェックアウト"],
41    ["退出","","Exit"],
42    /*w*/
43    ["网站","","Website"],
44    /*x*/
45    ["姓名","名前","Name"],
46    ["性别","","Sex"],
47    /*y*/
48    ["预订日期","予約日時","BookDate"],
```

137

```
49  ["预订时间","予約時刻","BookDime"],
50  /*z*/
51  ["总计","合计","Total"],
52  ];
```

定义多语言构件的中、日、英文对照以后,只需要在地址栏增加 lg 参数,界面就会翻译成对应的语言,按照约定:参数 0 为中文,1 为日文,2 为英文,如图 6-10 和图 6-11 所示。

图 6-10　日文界面　　　　　　　　　　　　图 6-11　英文界面

图 6-10 和图 6-11 中有的内容没有被翻译,说明多语言构件中还没有相应语言的对照,后续需要进一步完善。多语言构件将翻译工作独立出来,不需要程序员来完成,也可以降低整个项目的开发成本。

多语言构件定义的内容是可以重复使用的。做的系统越多,积累的翻译就越多,lg.js就会变得越长。如果文件超过 2 万行,或者更长,就会占用浏览器内存,此时要注意取舍,舍弃当前系统不用的内容。

6.3.2　保存图标到 ico 文件夹

定义完了多语言构件,就可以完善第 3 项任务,步骤如下。

(1) 参考工具条中的中英文对照,去网上找一些小图标,如搜索"房间 小图标"或者"会员 小图标"。

(2) 找到自己满意的图标以后,存储到本地 ico 文件夹下,保存的时候文件名必须是英文的,比如房间的英文是 room,则文件名必须为 room,注意所有图标的文件名必须是小写,而且没有空格,即使英文翻译有空格,图标也不能有空格,另外扩展名必须是 png。

重复以上两个步骤,就可以把会员 client.png、预订 book.png、进货 stockgoods.png 都下载下来。

这些图标也是可以重复使用的,比如人事管理系统中员工的图标有可能跟会员的图标是一样的,此时,只需要将 client.png 改为员工的英文 staff.png 即可。

6.3.3　设计并预览 pc.htm

准备好了美元构件和多语言构件且保存了图标以后,就可以对 pc.htm 进行迭代编码,这是第 4 项,也是概要设计的最后一项任务。代码如下所示。

代码 6-8　会员预订系统概要设计 pc.htm。

```
1~10  前 10 行省略
11  <script>
12  var t_room_grid=[$.房间.第 1 行];
13  var t_place_grid=[$.位置.第 1 行];
14  var t_goodskind_grid=[$.分类.第 1 行];
```

```
15    var t_goods_grid=[$.商品.第 1 行];
16    var t_client_grid=[$.会员.第 1 行];
17    var t_book_grid=[$.预订单.第 1 行];
18    var t_book_goods_grid=[$.预订单明细.第 1 行];
19    var t_provide_grid=[$.供应商.第 1 行];
20    var t_stock_grid=[$.进货单.第 1 行];
21    var t_stock_goods_grid=[$.进货单明细.第 1 行];
22    var t_check_goods_grid=[$.盘点记录.第 1 行];
23    $.工具条={
24        房间:function(){
25            new _.网格(t_room_grid,{代号:"roomgrid",编辑:$.房间.属性,输出:"chofo
              _left",
26                保存:true,表名称:"t_room"});
27        },
28        位置:function(){
29            new _.网格(t_place_grid,{代号:"placegrid",编辑:$.位置.属性,输出:
              "chofo_left",
30                保存:true,表名称:"t_place"});
31        },
32        分类:function(){
33            new _.网格(t_goodskind_grid,{代号:"gkgrid",编辑:$.分类.属性,输出:
              "chofo_left",
34                保存:true,表名称:"t_goodskind"});
35        },
36        商品:function(){
37            new _.网格(t_goods_grid,{代号:"placegrid",编辑:$.商品.属性,输出:
              "chofo_left",
38                保存:true,表名称:"t_goods"});
39        },
40        预订:function(){
41            new _.输入($.预订单.属性,
42                {代号:"clientinput",列数:1,提交:"下",输出:"chofo_left",行高:33});
43            new _.列表(t_place_grid,
44                {代号:"placelist",输出:"chofo_center",分类:3,内容位置:"left"},
45                function(i,src,hidehr,B){
46                });
47        },
48        会员:function(){
49            new _.输入($.会员.属性,{代号:"clientinput",列数:1,提交:"下",提交文字:
50            "新会员",
51        输出:"chofo_left",行高:33,保存:true,网格:{数组:t_client_grid,行:t_
          client_grid.length}});
52            new _.列表(t_client_grid,{代号:"clientlist",输出:"chofo_center"},
53            function(i,src,hidehr,B){
54                new _.输入($.会员.属性,{代号:"clientinput",列数:1,提交:"下",
```

```
55              输出:"chofo_left",行高:33,保存:true,网格:{数组:B,行:i}});
56          });
57      },
58      预订记录:function(){
59          new _.网格(t_book_grid,{代号:"bookgrid",输出:"chofo_center"});
60      },
61      供应商:function(){
62          new _.网格(t_provide_grid,{代号:"prgrid",编辑:$.供应商.属性,输出:
            "chofo_left", 保存:true,表名称:"t_provide"});
63      },
64      进货:function(){
65          new _.列表(t_goods_grid,
66            {代号:"goodslist",输出:"chofo_center",分类:8,内容位置:"left"},
67          function(i,src,hidehr,B){
68          });
69      },
70      盘点:function(){
71          new _.列表(t_goods_grid,
72            {代号:"goodslist",输出:"chofo_center",分类:8,内容位置:"left"},
73          function(i,src,hidehr,B){
74          });
75      },
76  };
77  </script>
78  </head><body><script>
79  new _.层([["chofo",{上:48,左:400,下:48,放缩:true}]],{代号:"bms"});
80  new _.工具条(["房间","位置","分类","商品","会员","预订","预订记录","供应商",
    "进货",
81    "盘点"],{代号:"toolbar",输出:"chofo_top",选中颜色:"#4b72a5,#4b72a5",无图标:
    true});
82  </script>
83  </body>
84  </html>
```

上面代码中,前 10 行是 pc.htm 的文件头,因为没有变化所以省略了。

第12~22行初始化低代码组件用到的数组 A 的第一行表头,为后面详细设计以及测试添加初始化数据做准备。

第24~39行定义工具条中“房间”“位置”“分类”和“商品”按钮的响应事件,响应事件为在屏幕左侧输出可编辑的网格,设置“保存”属性为 true,在客户端就可以保存和调试。

第40~47行定义工具条中“预订”按钮的响应事件,响应事件为在屏幕左侧显示输入组件,在屏幕中间显示位置的列表。

第48~57行定义工具条中“会员”按钮的响应事件,响应事件为在屏幕左侧显示输入组件,允许添加新会员,在屏幕中间显示会员的列表,单击列表可以对会员进行修改。

第58~60行定义工具条中“预订记录”按钮的响应事件。预订记录只做查询不作编辑,而且列数较多,在屏幕中间用网格组件显示。

第 61～63 行定义工具条中"供应商"按钮的响应事件,响应事件为在屏幕左侧输出可编辑的网格。

第 64～76 行定义工具条中"进货"和"盘点"按钮的响应事件,响应事件为在屏幕中间以列表组件输出商品信息,为详细设计中的购物车做准备。

第 77 行到结尾无变化。

从以上代码可以看出,概要设计定义响应事件时,已经对数据以何种组件呈现做了设计,房间、位置、分类、商品、会员、供应商等数据已经可以增加修改和查询,单击工具条中的按钮,页面内容就会发生变化。

因为可以录入数据,为了讲解方便,笔者录入了一些常见预订场景房间,比如会议室、电影院、餐厅等,然后每个房间录入了两个位置。此时单击工具条中的"预订"按钮,页面内容就变得丰富起来,如图 6-12 所示。

图 6-12　概要设计单击预订效果图

图 6-12 中的输入组件不仅嵌入了日历组件,还嵌入了列表组件,在没有房间和位置数据时,列表组件不显示。

6.3.4　日历组件

日历组件也是常用组件,通常组件用表格显示整个月的日期,表格的每一行是一个周。日历组件可以单独使用,其调用语句如下:

```
_.日历(A,P,click);
```
或
```
_.calendar(A,P,click);
```

不过大多数情景下,日历组件都是嵌入输入组件中,作为子组件使用。

日历组件的数组 A 为空数组即可,即定义为"var A=[];"。click 事件参数也比较简单,只有一个,就是传递选中日期。较为复杂的是枚举 P 参数,全部属性如表 6-2 所示。

表 6-2　日历组件的参数 P 的全部属性

中　文	英　文	默认值	参　　　　数
代号	id	null	组件代号
背景色	bgcolor	♯f8f9fb	日历的背景色
选中颜色	selcolor		被选中的日期颜色
日期	date	当日	默认选中的日期
文字和框	textinput	2	文字和框共占几列
高	height		日历高度
宽	width		日历宽度
月数	totalmonth	中	最多显示三个月的日历
天数	totalday	35	35 天即 5 个周,42 天为 6 个周
经过	over	♯cff	鼠标经过日期时单元格的颜色
图片路径	imagepath		日历的背景图片
调试	debug	false	是否调试
输出	output		输出位置,默认为当前位置,也可以为一个 div 的 id,若值为 str,则返回该组件的字符串
追加	added	null	是否以追加的方式输出,默认为覆盖方式

表 6-2 的月数是指一次显示几个月的日历,有左、中、右三种选择,左代表上一个月,中代表当前月,右代表下一个月,所以"月数:"左中""表示只显示上一个月和当前月,而"月数:"中右""表示显示当前月和下一个月。

天数是指日历总共显示多少天,当一个月有 31 天,而 1 号为周日时,需要 42 天才能显示。但是 42 天就意味着要多占一行,如果不进行设置,日历组件通常会自动判断显示 35 天还是 42 天,程序员也可以根据应用时的需求细节,自行决定将日历设置为 35 天还是 42 天。

6.4　工具条枚举中完成功能详细设计

详细设计任务是所有任务中最复杂、代码最多、耗时最长的,归纳起来,本节低代码编程中详细设计的前端任务主要如下。

（1）样式设计。前面使用组件对人物和商品进行自动排版，其他列表框通常需要重新排版，比如本次要对位置的列表单元格进行排版。

（2）列表的单击事件。通常单击列表单元格以后，要出现一个工具条，然后设计这个工具条上的按钮的响应事件。

（3）查询计算。有一些是调用后台的查询，还有一些是在前台过滤查询。

（4）统计计算。网格组件可以做列统计，其他统计计算需要编程实现。

（5）选择器编程。第 5 章说过，销售、进货、盘点的选择器都是不一样的，都需要编程设置选择器的列，并对数组进行计算。

（6）增加日志记录。有些记录在概要设计时没有考虑到，这里要加入。

（7）因为增加了新记录、新按钮，需要重新对工具条按钮进行布局。

做完上面的 7 项任务，这个系统基本功能就有了，可以称为软件半成品了。

6.4.1　预订功能设计

预订是指未到现场先订阅的消费行为。本章讲的预订是指那种先要预订一个位置，再进行消费的行为。

预订通常都是实名的，以方便商家联系消费者。

预订时需要记录消费者的信息、到达时间、消费时长等信息，以便于确认那个时间段是否还有空位。

预订时还需要询问客人有没有什么特别要求。

基于以上功能需求，信息系统设计的预订功能如下。

（1）输入手机号后，就可以查询客人的信息。

（2）输入时间信息，可以查询是否有空位。

（3）可以备注记录客人的特别要求。

（4）保存预订信息。

（5）如果是新客，则同时保存客人信息。

预订功能有较为复杂的时间计算，需要计算两个时间段的时间差，下画线构件有相关的时间方法组件，使用这些组件写出来的代码如下所示。

代码 6-9　预订流程设计。

```
1    预订:function(){
2        $.预订单.属性[0][2].onkeyup="$.工具条.会员('预订',this.value);";
3        $.预订单.属性[4][2].事件=function(title){$.工具条.预订记录(title);};
4        $.预订输入=new _.输入($.预订单.属性,{代号:"clientinput",列数:2,提交:"下",
5            输出:"chofo_left",行高 1:33,保存:function(P){
6            var bl=t_book_grid.length-1,cl=t_client_grid.length-1;
7            t_book_grid.push([bl==0?1:(t_book_grid[bl][0]*1+1),_.day(),P.位置,
8                P.姓名,P.手机号,P.人数,P.日期,P.到达时间,P.时长,P.备注,"0","0"]);
9            if(t_client_grid.join(",").indexOf(P.手机号+",")==-1)
10            t_client_grid.push([cl==0?1:(t_client_grid[cl][0]*1+1),P.姓名,P.手
11                机号,P.性别,"1"]);
11            $.工具条.预订记录();
```

143

```
12      }});
13      $.工具条.会员("预订","");
14  },
15  会员:function(toptext,key){
16      if(toptext==null) new _.输入($.会员.属性,{代号:"clientinput",列数:1,提交:"
        下",
17      输出:"chofo_left",提交文字:"新会员",保存:true,
18      网格:{数组:t_client_grid,行:t_client_grid.length}});
19      new _.列表(t_client_grid,{代号:"clientlist",输出:"chofo_center",
20      查询条件:function(i){if(key) return (t_client_grid[i][2].indexOf(key)!=
        -1);else return
21  true;},
22      设置单元格:function(i,tw,th,B){
23          return "<div style='background:#0F0'><div style='font-size:22px;
            text-align:center'>"+
24          B[i][1]+" "+B[i][3]+"</div><div>"+B[i][2]+"</div></div>";
25      }},function(i,src,hidehr,B){
26          if(toptext){_.el("ct_name").value=B[i][1];
27              _.el("ct_phone").value=B[i][2];_.el("ct_sex").value=B[i][3];
28          }else{
29              new _.输入($.会员.属性,{代号:"clientinput",列数:1,提交:"下",
30                  输出:"chofo_left",保存:true,网格:{数组:B,行:i}});
31          }
32      });
33  },
```

上面代码中,第 1 行定义工具条中"预订"按钮的响应方法。

第 2 行定义手机号输入框的键盘弹起事件:调用工具条的"会员"方法,如图 6-13 所示。

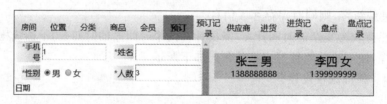

图 6-13　输入手机号查询会员

第 3 行定义日历单击事件,单击日历可以查询选中日期的预订单记录,如图 6-14 所示。

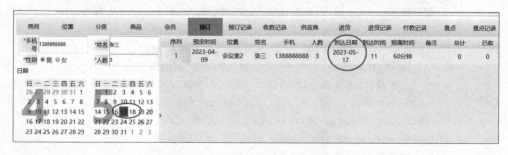

图 6-14　根据日期显示预订记录

第 4 行在屏幕左侧定义输入组件获取预订信息。

第 5 行定义客户端保存方法。

第 6 行获取预订单数组和会员数组的长度。

第 7、8 行向预订单数组中添加一条记录,第 0 列序列的前端计算策略为:最后一行的序列值加 1。

第 9、10 行定义如果手机号不存在,则认为是新会员,此时向会员数组中添加一行记录。

第 11 行表示保存完毕,自动跳转到"预订记录"页。

第 13 行在屏幕中间用列表显示会员,方便直接选入左侧输入组件。

第 15 行定义工具条中"会员"按钮的响应方法,方法有两个参数,toptext 参数是调用"会员"方法的方法名称,key 参数是查询条件。

第 16~18 行如果不是被其他方法调用,而是从工具条单击,屏幕左侧显示新会员输入框。

第 19 行定义屏幕中间区域以列表方式显示会员。

第 20 行定义会员查询策略是:只要是手机号前几位包含关键字就符合条件。

第 21 行自定义显示单元格。

第 22~24 行定义会员样式为显示姓名、性别和手机号。

第 25 行定义会员单元格单击事件。

第 26、27 行表示如果是被"预订"方法调用,则在预订的输入框中显示会员信息。

第 28、29 行表示否则显示可修改的会员输入组件。

6.4.2 预订记录管理设计

顾客预订完了以后,商家可以随时查看预订记录,并根据预订记录作出营业安排,查看预订记录的时候,不仅可以查看预订单,还能查看预订明细。

实际系统会有预订收押金、销售收款等功能,讲解收付款功能需要的篇幅较长,所以本章只显示收款按钮,但是不对收款进行设计。

代码如下所示。

代码 6-10 预订单和预订明细查询。

```
1   预订记录:function(key){
2     new _.网格(t_book_grid,{代号:"bookgrid",输出:"chofo_center",
3       查询条件:function(i){if(key){return t_book_grid[i][6]==key;}else
          return true;}},
4       function(i,src,hidehr,j,B){$.选中=i;
5       new _.网格(t_book_goods_grid,{代号:"bkggrid",输出:"chofo_left",统计:
          [3,4],
6       查询条件:function(ii){return B[i][0]*1==t_book_goods_grid[ii][5]*
          1;}});
7       new _.工具条([B[i][12]=="到达"?"":"到达",B[i][12]=="到达"?"":"取消预
          订",
8           "购买","收款"],
9         {代号:"bar"+i,输出:hidehr.id,无图标:true,宽:80});
```

```
10          });
11      },
12      到达:function(i){t_book_grid[$.选中][12]="到达";
13          t_place_grid.update(5,t_book_grid[$.选中][0],1,t_book_grid[$.选中][2]);
14          for(var i=1;i<t_book_goods_grid.length;i++){
15              var bgi=t_book_goods_grid[i];
16              if(bgi[5]*1==t_book_grid[$.选中][0*1)
17                  t_goods_grid[bgi[6]][7]=t_goods_grid[bgi[6]][7]-bgi[3];
18          }
19          $.工具条.位置();
20      },
21      取消预订:function(i){t_book_grid.splice($.选中,1);$.工具条.预订记录();},
22      购买:function(){
23          $.购物车=new _.选择器($.购物车数组,{代号:"sel",输出:"chofo_left",保存:
            function(){
24              var bg=t_book_grid[$.选中];
25              bg[10]=bg[10]*1+_.el("bk_money").value*1;
26              for(var j=1;j<$.购物车数组.length;j++){
27                  var jj=$.购物车数组[j];jj[5]=bg[0];
28                  t_book_goods_grid.push(jj);
29                  if(bg[12]=="到达")t_goods_grid[jj[6]][7]=t_goods_grid[jj[6]][7]
                    -jj[3];
30              }
31              $.购物车数组=$.购物车数组.slice(0,1);
32              $.工具条.预订记录();
33          }});
34          new _.列表(t_goods_grid,{代号:"ckgoods",列数:2,行高:120,输出:"chofo_
            center",
35              设置单元格:function(i,tw,th,B){
36                  return "<div style='background:#0F0'><div style='font-size:22px;
                    text-align:center'>"+
37                  B[i][1]+"</div><div>"+B[i][3]+L.元+"/"+B[i][2]+"</div></div>";
38          }},function(i,src,hidehr,B){
39              $.购物车数组.splice(1,0,[B[i][0],B[i][1],B[i][3],1,B[i][3],-1,i]);
40              $.购物车.refresh();
41          });
42      },
43      收款:function(){
44          $.收款记录.属性[0][2].默认值=t_book_grid[$.选中][10]-t_book_grid[$.选中]
            [11];
45          $.收款记录.属性[0][2].最大=$.收款记录.属性[0][2].默认值*1;
46          new _.输入($.收款记录.属性,{代号:"bpinput",输出:"chofo_left",列数:1,提交:"
            下",
47              保存:function(P){
48                  t_book_grid[$.选中][11]=t_book_grid[$.选中][11]*1+P.金额*1;
```

```
49        t_bookpay_grid.push([t_bookpay_grid.length,_.minute(),
50            P.金额,P.收款方式,t_book_grid[$.选中][0],"于丙超"]);
51        t_place_grid.update(5,"",1,t_book_grid[$.选中][2]);
52        $.工具条.收款记录();
53    }}));
54  },
55  收款记录:function(){
56      new _.网格(t_bookpay_grid,{代号:"bpgrid",输出:"chofo_center",统计:[2]});
57  },
```

第 1 行定义工具条中"预订记录"按钮的响应方法。

第 2 行用网格组件输出预定单记录。

第 3 行定义预定记录的单击事件。

第 4 行定义事件的一项内容是：在屏幕左侧输出该预订单的购买明细。

第 6 行定义查询条件是预订单明细的第 5 列等于预订单的第 0 列。

第 7 行定义事件另一项内容是显示工具条,已到达的不显示"到达"和"取消订单"按钮。

第 8 行定义无论是否到达,都显示"购买"和"收款"按钮。

第 9 行定义工具条的 P 参数。

第 10 行用大括号结束定义网格事件,小括号结束定义网格实例。

第 12 行定义工具条中"到达"按钮的响应方法,让预订单数组的第 12 列显示为"到达"。

第 13 行使用数组的 update()方法,将位置数组的第 1 列等于订单位置名称的同一行的第 5 列更新为订单数组第 0 列订单号,这样位置和订单就绑定了;update(j1,value,j2,where)方法是下画线构件的自定义方法,它的作用类似于 SQL 的 update 语句,即根据某一列的内容,更新另外一列。

第 14 行开始对订单明细 for 循环。

第 15 行因为明细行在后面重复使用,所以定义一个名称简短的局域变量。

第 16 行定义当第 5 列等于订单的第 0 列时,表示匹配到了订单明细。

第 17 行减去物品库存,意思是只有客人到达且消费了,才减库存,以避免预订单被取消,误减了库存。

第 19 行到达功能前置计算完毕,自动跳转到位置页。

第 21 行定义工具条中"取消预订"按钮的响应方法,删除订单数组中的指定行,如图 6-15 所示。

图 6-15　"预订记录"查询

第 22 行定义工具条中"购买"按钮的响应方法,定义客户端"保存"方法。

第 23 行在屏幕左侧初始化购物车。

第24行定义订单数组行的简短局域网变量。

第25行第10列是订单购买总计,注意这里用的是原总计加上新总计的计算策略,这样订单就支持多次购买了。

第26行开始对购物车数组循环定义。

第27行定义数组第5列是订单号。

第28行将购物车数组内容保存到订单明细数组中。

第29行表示如果订单状态是"到达",则要减去库存。

第30行表示购物车数组循环结束定义。

第31行清空购物车数组,只保留表头。

第32行自动跳转到预订记录页。

第33行定义第1个大括号结束保存方法,第2个大括号结束选择器的枚举P参数,小括号结束选择器实例定义。

第34行定义用列表方式显示物品。

第35行自定义单元格样式。

第36、37行表示单元格样式为显示物品名称、价格和单位。

第38行定义单元格单击事件。

第39行向购物车数组中添加一行,第5行为预留的单号,第6行为物品数组下标。

第40行刷新购物车。

以上代码执行后,单击"预订记录"按钮,左侧显示购买明细,下面显示工具条,单击工具条即可执行相应的功能,如图6-16所示。

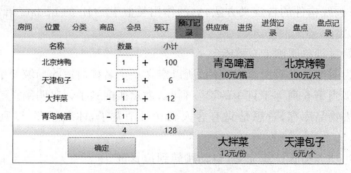

图 6-16　预订购买图

第43行定义工具条中"收款"按钮的响应方法。

第44行定义收款金额的默认值为订单金额总计减去已收金额。

第45行定义收款金额最大值跟默认值相同,定义最大值以防多收钱。

第46行用输入组件显示收款内容。

第47行定义客户端保存方法。

第48行第11列是订单已收金额,最新已收金额等于之前收取金额加上本次收取金额。

第49、50行在收款记录数组中保存本次收款信息。

第51行表示收款后订单结束,将清空位置的订单信息以及解除位置和订单的绑定。

第52行表示跳转到收款记录页面。

第 55 行在工具条中增加"收款记录"按钮后,此处定义工具条的"收款记录"的响应方法。

第 56 行用网格组件显示收款记录,如图 6-17 所示。

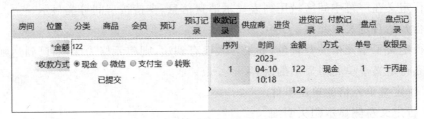

图 6-17　收款记录图

6.4.3　实时位置图设计

从预订记录进行购买和结账,在实际营业的时候并不是很方便,主要原因有三点。

(1) 随着营业天数增多,预订记录会非常多,查找耗时较长。

(2) 预订记录不适合作为操作入口,通常以位置作为操作入口。

(3) 网格组件本身并不适合触摸操作,快捷操作通常是由列表组件完成。

基于以上三点考虑,本小节将设计一个实时位置图,在实时位置图上完成购买和收款操作。代码如下所示。

代码 6-11　实时位置图代码。

```
1   位置:function(){
2       new _.网格(t_place_grid,{代号:"placegrid",编辑:$.位置.属性,输出:"chofo_
        left",
3           保存:true,表名称:"t_place"});
4       new _.列表(t_place_grid,{代号:"placelist",输出:"chofo_center",列数:2,行
        高:100,分类:3,
5           内容位置:"left",    设置单元格:function(i,tw,th,B){
6           return "<div style='background:#"+(B[i][5] * 1>0? "FF0":"0F0")+"'>
            <table border=0>"+
7           "<tr><td>价格:</td><td>"+B[i][4]+"</td></tr>"+
8           "<tr><td>预定次数:</td><td>0</td></tr></table></div><div>"+B[i]
            [1]+"</div>";
9       }},
10      function(i,src,hidehr,B){
11          new _.网格(t_book_goods_grid,{代号:"bkggrid",输出:"chofo_left",统计:
            [3,4],
12          查询条件:function(ii){return B[i][5] * 1==t_book_goods_grid[ii][5] *
            1;}});
13          if(B[i][5] * 1>0){$.选中=t_book_grid.getIndex(B[i][5]);
14              new _.工具条(["购买","收款"],
15              {代号:"bar"+i,输出:hidehr.id,无图标:true,宽:80});
16          }
17      });
18  },
```

上面代码中,第1行定义工具条的"位置"按钮的响应方法。

第2、3行在屏幕左侧显示编辑网格,跟概要设计相同。

第4行定义在屏幕中间区域用列表显示消费信息,支持按房间分类显示。

第5行开始自定义单元格。

第6行定义了单元格的背景色,如果客人没有到达,则单元格为绿色;已到达则为黄色。

第7、8行定义了单元格显示的内容。

第10行定义单元格的单击事件。

第11行定义左侧显示购买明细。

第12行定义网格的查询条件是第5列等于订单明细的第5列,即订单号相同。

第14行定义如果客人已经到达,则显示工具条,工具条有"购买"和"收款"两个按钮,这两个按钮功能与订单记录的按钮相同,这里操作更方便。

以上代码执行的效果如图 6-18 所示。

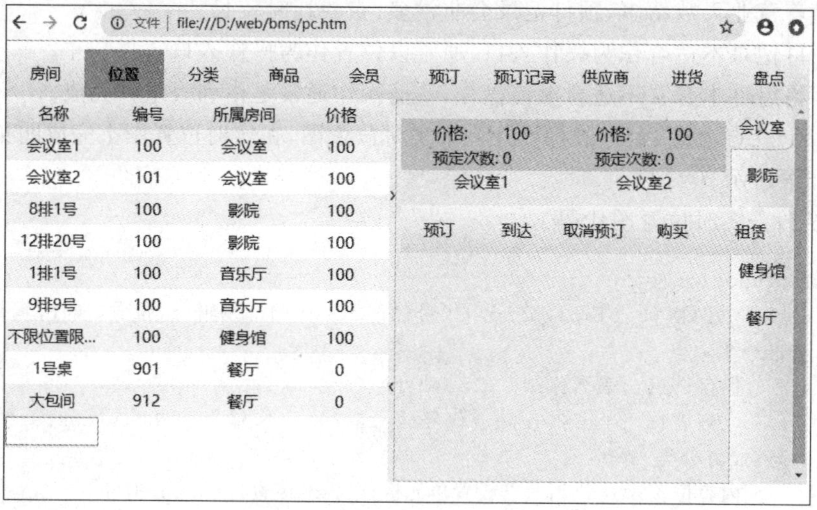

图 6-18　设置位置单元格样式

从图 6-18 中可以看出,实时位置图可以显示店内实际经营情况,哪个位置有无客人一目了然。并可以快速响应客人预订、到达、购买和付款等需求。

实际店铺经营的需求可能更多,这个例子已经搭好框架,如有更多需求,只需要添加工具条按钮,并定义响应方法即可。

6.4.4　进货功能设计

进货是指商店为销售而购进货物或引进货物,购进货物时需要向供应商支付款项。

进货既有可能进已存在货物,也有可能进新货,即店内不存在的货物。

进货时,商家会比较在意进货价,所以会将本次进货价和上一次进货价进行比较。

进货完毕,可以查看进货记录并给供应商付款。

基于以上功能需求,信息系统设计的进货功能如下。

(1) 查询并显示物品的进货价。

(2) 若是新货,则要先添加商品;旧货则直接选择即可。

（3）进货时可以修改进货价。

（4）进货后保存进货记录。

（5）将物品的进货价修改成本次进货价。

（6）查询进货记录并给供应商付款。

针对以上 6 条功能，进货时依然用选择器实现选货，单击进货记录，显示"付款"工具条，顶部工具条需要增加"付款记录"按钮，代码如下所示。

代码 6-12　进货功能设计。

```
1    进货:function(){
2        var A=[["供应商","pro_id",{类型:"select",默认值:"t_provide_grid",
         onchange:""}],
3        ["送货日期","sk_deliverydate",{类型:"日历",可单击:">='"+_.day(),月数:"中
         右"}],
4        ["进货明细","skgs",{类型:"选择器",数组:$.进货数组}],_.序列("bms.sk_id")];
5        $.进货输入=new _.输入(A,{debug:true,代号:"skinput",列数:1,输出:"chofo_
         left",
6          提交:"上",保存:function(P){
7            var skl=t_stock_grid.length;
8            t_stock_grid.push([skl,_.minute(),
9            P.供应商,"于丙超",P.送货日期,_.el("sk_money").value,"0"]);
10           for(var j=1;j<$.进货数组.length;j++){
11               var jj=$.进货数组[j];jj[5]=skl;
12               t_stock_goods_grid.push(jj);
13               t_goods_grid[jj[6]][6]=jj[2];
14               t_goods_grid[jj[6]][7]=jj[3]*1+t_goods_grid[jj[6]][7]*1;
15           }
16           $.进货数组=$.进货数组.slice(0,1);
17           $.工具条.进货记录();
18       }}));
19       new _.列表(t_goods_grid,{代号:"goods",列数:2,行高:120,输出:"chofo_
         center",
20           设置单元格:function(i,tw,th,B){
21           return "<div style='background:#0F0'><div style='font-size:22px;
             text-align:center'>"+
22           B[i][1]+"</div><div>"+B[i][6]+L.元+"/"+B[i][2]+"</div></div>";
23       }},function(i,src,hidehr,B){
24           $.进货数组.splice(1,0,[B[i][0],B[i][1],B[i][6],1,B[i][6],-1,i]);
25           $.进货明细.refresh();
26       });
27   },
28   进货记录:function(){
29       new _.网格(t_stock_grid,{代号:"stockgrid",输出:"chofo_center"},
30           function(i,src,hidehr,j,B){$.选中=i;
31           new _.网格(t_stock_goods_grid,{代号:"skggrid",输出:"chofo_left",统计:
             [3,4],
```

151

```
32          查询条件:function(ii){return B[i][0] * 1==t_stock_goods_grid[ii][5] *
            1;}});
33          new _.工具条(["付款"],{代号:"bar"+i,输出:hidehr.id,无图标:true,宽:80});
34      });
35   },
36   付款:function(){
37       $.付款记录.属性[0][2].默认值=t_stock_grid[$.选中][5]-t_stock_grid[$.选中]
         [6];
38       $.付款记录.属性[0][2].最大=$.付款记录.属性[0][2].默认值 * 1;
39       new _.输入($.付款记录.属性,{代号:"spinput",输出:"chofo_left",列数:1,提交:"
         下",
40         保存:function(P){
41           t_stockpay_grid.push([t_stockpay_grid.length,_.minute(),
42               P.金额,P.付款方式,t_stock_grid[$.选中][0],"于丙超"]);
43           t_stock_grid[$.选中][6]=t_stock_grid[$.选中][6] * 1+P.金额 * 1;
44           $.工具条.付款记录();
45       }});
46   },
47   付款记录:function(){
48       new _.网格(t_stockpay_grid,{代号:"spgrid",输出:"chofo_center",统计:[2]});
49   },
```

上面代码中,第 1 行创建响应工具条的"进货"方法。

第 2~4 行重定义了美元构件中的进货单属性,也即输入组件的数组 A 参数。

第 3 行定义了日历组件的"可单击"属性,_.day()返回今日,_.day(1)返回明天,_.day (-1)返回昨天日期。

第 4 行定义了类型为选择器,选择器嵌入输入组件中。

第 5 行实例化进货输入组件。

第 6 行定义保存方法开始。

第 7 行是用输入组件的 geEnum()方法获得输入值。

第 8 行调用_.minue()获得当前的时间,精确到分钟保存。

第 9 行将 geEnum()方法获得的值保存。

第 10 行开始对选择器的内容进行循环。

第 11 行将第 5 列存为进货单的单号,以便于跟明细进行关联。

第 12 行将选择器的内容存入 t_stock_goods_grid 数组中。

第 13 行将物品的进货价改为本次进货价。

第 14 行将库存数量加上本次进货的数量。

第 15 行表示选择器内容循环结束。

第 16 行数据成功保存后,将进货数组清空,只保留第 1 行表头。

第 17 行自动跳转到进货记录页面。

第 19 行用列表组件显示物品或者商品内容。

第 20 行开始设置每个单元格样式。

第 21、22 行自定义的进货物品单元格中显示第 6 列进货价。

第 23 行结束样式设置,开始定义单元格事件。

第 24 行向选择器数组中插入一行,第 5 列是进货单号预留列,第 6 列是商品代号列。

第 25 行刷新选择器。

以上代码运行后的效果如图 6-19 所示。

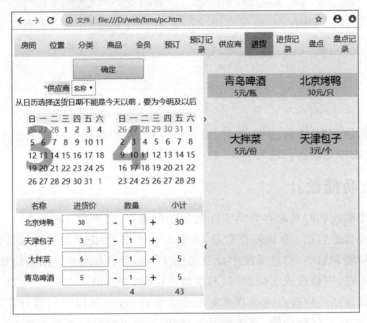

图 6-19　进货示意图

第 28 行定义工具条中"进货记录"按钮的响应方法。

第 29 行定义在屏幕中间区域用网格组件显示进货单。

第 30 行定义进货单的单击事件。

第 31 行定义在屏幕左侧区域显示被单击进货单的明细,对第 3、4 列进行统计。

第 32 行定义查询条件,要求进货明细的第 5 列等于进货单的第 0 列。

第 33 行显示"付款"工具条。

进货明细的查询界面如图 6-20 所示。

房间	位置	分类	商品	会员	预订	预订记录	供应商	进货	进货记录	盘点	盘点记录
序列	商品	成本价	数量	总计	进货单	序列	名称	日期	供应商	操作员	送货日期	总计	已付
1	天津包子	3	1	3	1	1	进货单1	2023-04-07 07:38	青岛啤酒	测试	2023-05-10	43	0
2	大拌菜	5	1	5	1								
3	北京烤鸭	30	1	30	1								
4	青岛啤酒	5	1	5	1								
			4	43									

图 6-20　进货单与进货明细

第 36 行定义工具条中"付款"按钮的响应方法。

第 37 行定义付款金额的默认值为进货单金额总计减去已付金额。

第 38 行定义付款金额最大值跟默认值相同,定义最大值,防止多付钱。

第 39～46 行付款功能与 6.4.2 小节订单收款功能类似,用输入组件显示付款信息并把付款记录在客户端保存。

第 47 行在工具条中增加"付款记录"按钮后,此处定义工具条中"付款记录"按钮的响应方法,如图 6-21 所示。

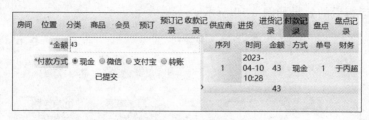

图 6-21 付款记录图

在实际经营活动中,还有进货、验货、退货等流程,这些功能可以作为思考题,增加工具条按钮,并定义响应方法进行练习。

6.4.5 盘点功能设计

盘点是指定期或临时对库存商品实际数量进行清查、清点的一种作业。

盘点的主要目的包括:掌握库存数量,获取非正常损耗,记录盈亏并加强管理。

基于以上功能和目的,信息系统中盘点功能主要包括:查询并显示当前物品库存,若跟实际物品库存不符,则修改成实际库存;形成盈亏记录,方便以后查询。

本次详细设计还是用盘点选择器来实现库存盘点,盘点选择器的部分代码在第 5 章已经介绍过,这里增加了保存功能,当选择器提交以后,商品库存数量改为盘点后数量,代码如下所示。

代码 6-13 盘点功能设计。

```
1   盘点:function(){
2       $.选中盘点=new _.选择器($.盘点数组,{代号:"sel",输出:"chofo_left",
3           保存:function(){
4           for(var j=1;j<$.盘点数组.length;j++){
5               var jj=$.盘点数组[j],ggj=t_goods_grid[jj[5]];
6               t_check_goods_grid.push([j,_.minute(),jj[1],ggj[7],jj[3],
7                   (jj[3]-ggj[7])+"",jj[2],((jj[3]-ggj[7])*jj[2])+""]);
8               ggj[7]=jj[3];
9           }
10          $.盘点数组=$.盘点数组.slice(0,1);
11      }});
12      new _.列表(t_goods_grid,{代号:"ckgoods",列数:2,行高:120,输出:"chofo_
        center",
13          设置单元格:function(i,tw,th,B){
14          return "<div style='background:#0F0'>"+
15          "<div style='font-size:22px;text-align:center'>"+
16          B[i][1]+"</div><div>"+B[i][7]+B[i][2]+"</div></div>";
17      }},function(i,src,hidehr,B){
```

```
18          $.盘点数组.splice(1,0,[B[i][0],B[i][1],B[i][6],B[i][7],B[i][6]*B[i]
            [7],i]);
19          $.选中盘点.refresh();
20      });
21  },
22  盘点记录:function(){
23      new _.网格(t_check_goods_grid,{代号:"checkgrid",输出:"chofo_center"});
24  },
```

上面代码中,第 1 行创建响应工具条的"盘点"方法。

第 2 行实例化盘点选择器。

第 3 行通过自定义"保存"方法,开启客户端保存功能。

第 4 行对盘点数组进行循环,注意下标从 1 开始,即循环时跳过表头。

第 5 行主要是获得盘点数组的第 5 列,这是因为在第 18 行中定义了第 5 列是物品代号。

第 6、7 行将选择器的盘点数组加入盘点记录 t_check_goods_grid 数组中。

第 8 行将库存数量改为盘点后的数量。

第 10 行 for 循环执行完毕,数据成功保存后,将盘点数组清空,只保留第 1 行表头。

第 12 行实例化物品列表,这里为了截屏方便,列数设为 2。

第 13 行开始自定义单元格样式。

第 14~16 行用 HTML 和 CSS 定义了单元格的样式,主要显示物品名称和库存数量。

第 17 行结束自定义样式,同时开始定义单击单元格事件。

第 18 行将物品数组中的内容选入选择器数组。

第 19 行刷新选择器。

第 22~24 行定义盘点记录方法,用网格组件显示盘点记录。

上面的代码执行后,单击工具条中的"盘点"按钮,第 1 行响应,执行第 2 行代码,在屏幕左侧初始化盘点选择器,然后执行第 12~16 行,在屏幕右侧显示物品列表,当单击物品列表时,执行第 18、19 行,将物品选入选择器,并在屏幕左侧显示,此时可以在选择器中修改为实际库存数量,最后单击"确定"按钮提交后,执行第 3~9 行,将选择器数据保存到客户端,如图 6-22 所示。

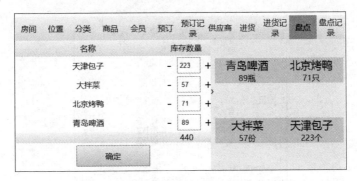

图 6-22　盘点选择器

当单击工具条中的"盘点记录"按钮时,执行第 22~24 行,显示结果如图 6-23 所示。

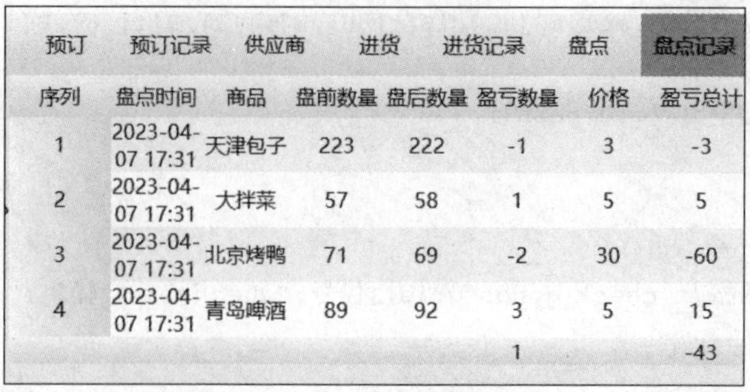

预订	预订记录	供应商	进货	进货记录	盘点	盘点记录

序列	盘点时间	商品	盘前数量	盘后数量	盈亏数量	价格	盈亏总计
1	2023-04-07 17:31	天津包子	223	222	-1	3	-3
2	2023-04-07 17:31	大拌菜	57	58	1	5	5
3	2023-04-07 17:31	北京烤鸭	71	69	-2	30	-60
4	2023-04-07 17:31	青岛啤酒	89	92	3	5	15
						1	-43

图 6-23　盘点记录

复杂的库存管理包括货架管理等功能,还支持库存调拨、报损等出入库方式,这些也可以作为思考题供练习。

6.5　测试与发布

写程序和写文章类似,文章不厌百回改,程序也需要经过多次迭代。推动程序迭代的是测试结果。测试通常分为白盒测试和黑盒测试,白盒测试是指开发人员测试,看得见代码;黑盒测试通常指用户进行应用级测试,看不见代码。实际开发时,白盒与黑盒测试会一直交替使用。

本节来讲解一些常用的测试方法,以提高程序的测试效率。

6.5.1　用 Excel 准备静态测试用例

5.3.2 小节讲过网格编辑组件支持从 Excel 中导入数据,因此测试人员可以用 Excel 准备多种测试用例,有一种测试用例是房间、位置、商品、供应商等基础数据,这些数据在Excel 中准备好后,测试的时候直接复制到系统中即可。

用 Excel 准备测试用例的优点是显而易见的,因为前端系统在浏览器每次刷新后,数据都会重置,而每次程序修改又必须刷新浏览器加载新程序,意味着数据也会清空。有了Excel 准备的测试用例,就可以快速重建前端的测试数据,如图 6-24 所示。

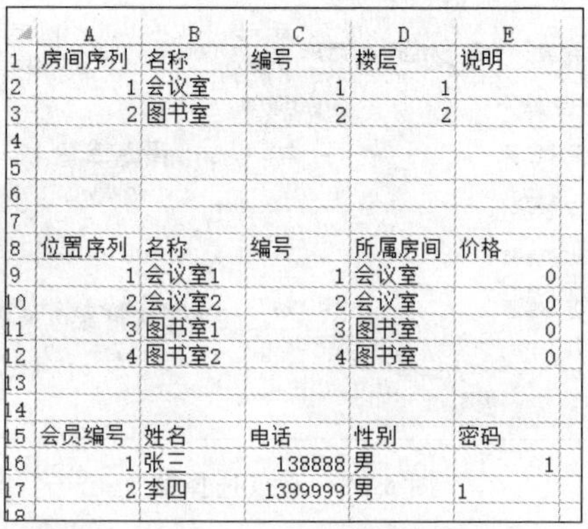

图 6-24　用 Excel 准备测试用例

6.5.2　用 JavaScript 数组保存初始化数据

如果觉得用 Excel 准备的测试用例初始化速度仍然太慢,那么可以在 pc.htm 中用 JavaScript 数组直接初始化数据。这样刷新浏览器时,数据不会丢失。

用 JavaScript 数组保存数据的优点是测试方便,缺点是破坏系统完整性,因此在发布系统前,必须要清空数据。初始化数据的代码示例如下所示。

代码 6-14　初始化数据。

```
1    var t_room_grid=[$.房间.第 1 行,
2        ["1","会议室","100","60","1.jpg"],
3        ["2","图书室","100","60","2.jpg"],
4        ["3","乒乓球厅","100","60","3.jpg"],
5        ["4","台球厅","100","60","4.jpg"],
6        ["5","影院","100","60","5.jpg"],
7        ["6","报告厅","100","60","6.jpg"],
8        ["7","音乐厅","100","60","7.jpg"],
9        ["8","健身馆","100","60","8.jpg"],
10       ["9","100","60","餐厅","9.jpg"],];
11   var t_place_grid=[$.位置.第 1 行,
12       ["1","会议室 1","100","会议室","100"],
13       ["2","会议室 2","101","会议室","100"],
14   /*  ["3","2 楼 1 号位","221","图书室","100"],
15       ["4","3 楼 2 号位","232","图书室","100"],
16       ["5","1 号桌","100","乒乓球厅","100"],
17       ["6","2 号桌","100","乒乓球厅","100"],
18       ["7","1 号台","100","台球厅","100"],
19       ["8","2 号台","100","台球厅","100"], */
20       ["9","8 排 1 号","100","影院","100"],
21       ["10","12 排 20 号","100","影院","100"],
22   /*  ["11","2 排 8 号","100","报告厅","100"],
23       ["12","20 排 18 号","100","报告厅","100"], */
24       ["13","1 排 1 号","100","音乐厅","100"],
25       ["14","9 排 9 号","100","音乐厅","100"],
26       ["15","不限位置限人数","100","健身馆","100"],
27       ["16","1 号桌","901","餐厅","0"],
28       ["17","大包间","912","餐厅","0"]];
29   var t_goodskind_grid=[$.分类.第 1 行];
30   var t_goods_grid=[$.商品.第 1 行,
31       ["1","青岛啤酒","瓶","10","啤酒","1-1.jpg;1-2.jpg","5","89"],
32       ["2","北京烤鸭","只","100","熟食","2-1.jpg;2-2.jpg","30","71"],
33       ["3","大拌菜","份","12","凉菜","3.jpg","5","57"],
34       ["4","天津包子","个","6","主食","4.jpg","3","223"]];
35   var t_client_grid=[$.会员.第 1 行,
36   ["1","张三","1388888888","男","1"],
37   ["2","李四","1399999999","女","1"]
```

```
38  ];
```

上面代码中使用注释符注释掉了几行代码,如果发布系统的时候不想删掉所有测试数据,可以用注释符注释掉。

6.5.3 打开枚举 P 参数中的 debug 调试

2.4.4 小节提到过用 debug 参数调试程序的方法。这里详细介绍一下。

在浏览器的 Console 控制台中,红字是浏览器自己的调试信息,通常程序出现错误,就会打印红字。但是如果是低代码组件因为参数设置没有达到预期效果,浏览器是不能发现的,此时就需要使用 debug 参数,向 Console 控制台输出完整的 HTML 和 CSS 代码,看到代码就会知道参数哪里设置得不对。例如,将输入组件的 debug 设为 true 以后,Console 控制台显示的效果如图 6-25 所示。

图 6-25 输入组件的 debug 调试

图 6-25 中以 inputs 开头的为输入组件调试,同理以 list 开头的是列表调试信息,以 grid 开头为网格组件调试信息,即调试信息以组件的英文名开头。

接下来 inputs 会输出 P 参数信息,以及最后向屏幕输出的 HTML 和 CSS 样式信息。

debug 调试对程序员的要求较高,需要程序员熟练掌握 HTML 和 CSS 样式,大多数情况下,不需要这样调试,这种 debug 调试通常发生在自定义样式以后。

6.5.4 发布系统前端

所有的代码开发和调试完毕,就可以发布前端系统。发布是指以某种渠道公开软件或者网站系统,前端系统的发布方式通常是上传到互联网上,然后将网址公开,比如本章介绍的系统发布后的网址是 http://www.chofo.com/demo/bms/pc.htm。全部代码如下所示。

代码 6-15　会员预订系统 pc.htm 全部代码。

```
1   <html><head><meta http-equiv="X-UA-Compatible" content="IE=6">
2   <meta http-equiv="Content-Type" content="text/html; charset=UTF-8" />
3   <meta name="apple-mobile-web-app-capable" content="yes" />
4   <meta name="viewport" content="initial-scale=1.0, minimum-scale=1.0,
    maximum-scale=1.0,
5   user-scalable=no"/>
6   <meta http-equiv="Pragma" content="no-cache">
7   <meta http-equiv="Cache-Control" content="no-cache">
8   <meta http-equiv="Expires" content="0">
9   <style><!-- @keyframes chofoRotateX{0%{transform:rotate(360deg);}
10  100%{transform:rotate(0deg);}} @keyframes chofo{0%{transform:translate(0);}
11  100%{transform:translate(-100%);}} @keyframes
12  chofoRotateY { 0% { transform: rotateY(360deg);} 100% { transform: rotateY
    (0deg);}} --></style>
13  <title>会员预订消费管理系统</title>
14  <script src="js/_.js?v=0"></script><script src="js/lg.js?v=0"></script><script
15  src="js/$.js?v=0"></script>
16  <script>
17  $.进货数组=[["gs_id",["gs_name"],["sk_price","进货价",{读写:"写"}],
18      ["sk_number"],["sk_money","小计"]]];
19  $.购物车数组=[["gs_id",["gs_name"],["gs_price","价格",{类型:"hidden"}],
20      ["bk_number"],["bk_money","小计"]]];
21  $.盘点数组=[["gs_id",["gs_name"],["gs_price","价格",{类型:"hidden"}],
22      ["gs_number","库存数量"],["gs_money","小计",{类型:"hidden"}]]];
23  $.工具条={
24      房间:function(){
25          new _.网格(t_room_grid,{代号:"roomgrid",编辑:$.房间.属性,输出:"chofo_
            left",
26              保存:true,表名称:"t_room"});
27      },
28      位置:function(){
29          new _.网格(t_place_grid,{代号:"placegrid",编辑:$.位置.属性,输出:"chofo
            _left",
30              保存:true,表名称:"t_place"});
31          new _.列表(t_place_grid,{代号:"placelist",输出:"chofo_center",列数:2,
            行高:100,
32              分类:3,内容位置:"left",设置单元格:function(i,tw,th,B){
33              return "<div style='background:#"+(B[i][5]*1>0?"FF0":"0F0")+"'>
34              <table border=0>"+
35          "<tr><td>价格:</td><td>"+B[i][4]+"</td></tr>"+
36          "<tr><td>预定次数:</td><td>0</td></tr></table></div><div>"
37              +B[i][1]+"</div>";
38          }},
39          function(i,src,hidehr,B){
```

```
40          new _.网格(t_book_goods_grid,{代号:"bkggrid",输出:"chofo_left",统
            计:[3,4],
41              查询条件:function(ii){return B[i][5]*1==t_book_goods_grid[ii]
                [5]*1;}});
42          if(B[i][5]*1>0){$.选中=t_book_grid.getIndex(B[i][5]);
43              new _.工具条(["购买","收款"],
44                  {代号:"bar"+i,输出:hidehr.id,无图标:true,宽:80});
45              }
46          });
47      },
48      分类:function(){
49          new _.网格(t_goodskind_grid,{代号:"gkgrid",编辑:$.分类.属性,输出:"
            chofo_left",
50              保存:true,表名称:"t_goodskind"});
51      },
52      商品:function(){
53          new _.网格(t_goods_grid,{代号:"placegrid",只显示:[0,1,2,3,4],编辑:$.商
            品.属性,
54                      输出:"chofo_left",保存:true,表名称:"t_goods"});
55      },
56      预订:function(){
57          $.预订单.属性[0][2].onkeyup="$.工具条.会员('预订',this.value);";
58          $.预订单.属性[4][2].事件=function(title){$.工具条.预订记录(title);};
59          $.预订输入=new _.输入($.预订单.属性,{代号:"clientinput",列数:2,提交:"下",
60              输出:"chofo_left",行高1:33,保存:function(P){
61              var bl=t_book_grid.length-1,cl=t_client_grid.length-1;
62              t_book_grid.push([bl==0?1:(t_book_grid[bl][0]*1+1),_.day(),P.
                位置,P.姓名,
63                  P.手机号,P.人数,P.日期,P.到达时间,P.时长,P.备注,"0","0"]);
64              if(t_client_grid.join(",").indexOf(P.手机号+",")==-1)
65              t_client_grid.push([cl==0?1:(t_client_grid[cl][0]*1+1),P.姓名,
                P.手机号,P.性别,"1"]);
66              $.工具条.预订记录();
67          }});
68          $.工具条.会员("预订","");
69      },
70      会员:function(toptext,key){
71          if(toptext==null)new _.输入($.会员.属性,{代号:"clientinput",列数:1,提
            交:"下",
72                  输出:"chofo_left",提交文字:"新会员",保存:true,
73                  网格:{数组:t_client_grid,行:t_client_grid.length}});
74          new _.列表(t_client_grid,{代号:"clientlist",输出:"chofo_center",
75          查询条件:function(i){if(key) return (t_client_grid[i][2].indexOf
            (key)!=-1);
76                          else return true;},
```

```
77          设置单元格:function(i,tw,th,B){
78          return "<div style='background:#0F0'><div
79   style='font-size:22px;text-align:center'>"+B[i][1]+"+
80   B[i][3]+</div><div>"+B[i][2]+"</div></div>";
81          }},function(i,src,hidehr,B){
82              if(toptext){_.el("ct_name").value=B[i][1];
83                  _.el("ct_phone").value=B[i][2];_.el("ct_sex").value=B[i][3];
84              }else{
85                  new _.输入($.会员.属性,{代号:"clientinput",列数:1,提交:"下",
86                      输出:"chofo_left",保存:true,网格:{数组:B,行:i}});
87              }
88          });
89       },
90    预订记录:function(key){
91        new _.网格(t_book_grid,{代号:"bookgrid",输出:"chofo_center",
92            查询条件:function(i){if(key){return t_book_grid[i][6]==key;}
                 else return
93   true;}},
94            function(i,src,hidehr,j,B){$.选中=i;
95            new _.网格(t_book_goods_grid,{代号:"bkggrid",输出:"chofo_left",统
                 计:[3,4],
96            查询条件:function(ii){return B[i][0]*1==t_book_goods_grid[ii]
                 [5]*1;}});
97            new _.工具条([B[i][12]=="到达"?"":"到达",B[i][12]=="到达"?"":
98                  "取消预订","购买","收款"],
99            {代号:"bar"+i,输出:hidehr.id,无图标:true,宽:80});
100         });
101      },
102   到达:function(i){t_book_grid[$.选中][12]="到达";
103      t_place_grid.update(5,t_book_grid[$.选中][0],1,t_book_grid[$.选中][2]);
104      for(var i=1;i<t_book_goods_grid.length;i++){
105         var bgi=t_book_goods_grid[i];
106         if(bgi[5]*1==t_book_grid[$.选中][0]*1)
107            t_goods_grid[bgi[6]][7]=t_goods_grid[bgi[6]][7]-bgi[3];
108      }
109      $.工具条.位置();
110   },
111   取消预订:function(i){t_book_grid.splice($.选中,1);$.工具条.预订记录();},
112   购买:function(){
113      $.购物车=new _.选择器($.购物车数组,{代号:"sel",输出:"chofo_left",
114         保存:function(){
115         var bg=t_book_grid[$.选中];
116         bg[10]=bg[10]*1+_.el("bk_money").value*1;
117         for(var j=1;j<$.购物车数组.length;j++){
118            var jj=$.购物车数组[j];jj[5]=bg[0];
```

```
119        t_book_goods_grid.push(jj);
120        if(bg[12]=="到达")t_goods_grid[jj[6]][7]=t_goods_grid[jj[6]]
           [7]-jj[3];
121        }
122      $.购物车数组=$.购物车数组.slice(0,1);
123      $.工具条.预订记录();
124    }});
125    new _.列表(t_goods_grid,{代号:"ckgoods",列数:2,行高:120,输出:"chofo_
       center",
126        设置单元格:function(i,tw,th,B){
127        return "<div style='background:#0F0'><div
128        style='font-size:22px;text-align:center'>"+B[i][1]+"</div><div>"
           +B[i][3]+L.
129        元+"/"+B[i][2]+"</div></div>";
130    }},function(i,src,hidehr,B){
131        $.购物车数组.splice(1,0,[B[i][0],B[i][1],B[i][3],1,B[i][3],-1,i]);
132        $.购物车.refresh();
133    });
134    },
135    收款:function(){
136      $.收款记录.属性[0][2].默认值=t_book_grid[$.选中][10]-t_book_grid[$.选
         中][11];
137      $.收款记录.属性[0][2].最大=$.收款记录.属性[0][2].默认值*1;
138    new _.输入($.收款记录.属性,{代号:"bpinput",输出:"chofo_left",列数:1,提
         交:"下",
139        保存:function(P){
140        t_book_grid[$.选中][11]=t_book_grid[$.选中][11]*1+P.金额*1;
141        t_bookpay_grid.push([t_bookpay_grid.length,_.minute(),P.金额,
142                    P.收款方式,t_book_grid[$.选中][0],"于丙超"]);
143        t_place_grid.update(5,"",1,t_book_grid[$.选中][2]);
144        $.工具条.收款记录();
145    }});
146    },
147    收款记录:function(){
148    new _.网格(t_bookpay_grid,{代号:"bpgrid",输出:"chofo_center",统计:[2]});
149    },
150    供应商:function(){
151    new _.网格(t_provide_grid,{代号:"prgrid",编辑:$.供应商.属性,输出:"
       chofo_left",
152        保存:true,表名称:"t_provide"});
153    },
154    进货:function(){
155    var A=[["供应商","pro_id",{类型:"select",默认值:"t_provide_grid",
       onchange:""}],
156    ["送货日期","sk_deliverydate",{类型:"日历",可单击:">='"+_.day(),月
```

```
157     ["进货明细","skgs",{类型:"选择器",数组:$.进货数组}],_.序列("bms.sk_
        id")];
158     $.进货输入=new _.输入(A,{debug:true,代号:"skinput",列数:1,输出:"chofo
        _left",
159         提交:"上",保存:function(P){
160         var skl=t_stock_grid.length;
161         t_stock_grid.push([skl,_.minute(),
162         P.供应商,"于丙超",P.送货日期,_.el("sk_money").value,"0"]);
163         for(var j=1;j<$.进货数组.length;j++){
164             var jj=$.进货数组[j];jj[5]=skl;
165             t_stock_goods_grid.push(jj);
166             t_goods_grid[jj[6]][6]=jj[2];
167             t_goods_grid[jj[6]][7]=jj[3]*1+t_goods_grid[jj[6]][7]*1;
168         }
169         $.进货数组=$.进货数组.slice(0,1);
170         $.工具条.进货记录();
171     }});
172     new _.列表(t_goods_grid,{代号:"goods",列数:2,行高:120,输出:"chofo_center",
173         设置单元格:function(i,tw,th,B){
174         return "<div style='background:#0F0'><div
175         style='font-size:22px;text-align:center'>"+B[i][1]+"</div><
        div>"+B[i][6]+L.元
176         +"/"+B[i][2]+"</div></div>";
177     }},function(i,src,hidehr,B){
178         $.进货数组.splice(1,0,[B[i][0],B[i][1],B[i][6],1,B[i][6],-1,i]);
179         $.进货明细.refresh();
180     });
181     },
182 进货记录:function(){
183     new _.网格(t_stock_grid,{代号:"stockgrid",输出:"chofo_center"},
184         function(i,src,hidehr,j,B){$.选中=i;
185         new _.网格(t_stock_goods_grid,{代号:"skggrid",输出:"chofo_left",
            统计:[3,4],
186         查询条件:function(ii){return B[i][0]*1==t_stock_goods_grid[ii]
            [5]*1;}});
187         new _.工具条(["付款"],{代号:"bar"+i,输出:hidehr.id,无图标:true,宽:
            80});
188     });
189     },
190 付款:function(){
191     $.付款记录.属性[0][2].默认值=t_stock_grid[$.选中][5]-t_stock_grid[$.
        选中][6];
192     $.付款记录.属性[0][2].最大=$.付款记录.属性[0][2].默认值*1;
193     new _.输入($.付款记录.属性,{代号:"spinput",输出:"chofo_left",列数:1,提
```

```
              交:"下",
194              保存:function(P){
195              t_stockpay_grid.push([t_stockpay_grid.length,_.minute(),P.金额,
196                      P.付款方式,t_stock_grid[$.选中][0],"于丙超"]);
197              t_stock_grid[$.选中][6]=t_stock_grid[$.选中][6]*1+P.金额*1;
198              $.工具条.付款记录();
199          }});
200      },
201      付款记录:function(){
202          new _.网格(t_stockpay_grid,{代号:"spgrid",输出:"chofo_center",统计:[2]});
203      },
204      盘点:function(){
205          $.选中盘点=new _.选择器($.盘点数组,{代号:"sel",输出:"chofo_left",
206              保存:function(P){
207              for(var j=1;j<$.盘点数组.length;j++){
208                  var jj=$.盘点数组[j],ggj=t_goods_grid[jj[5]];
209                  t_check_goods_grid.push([j,_.minute(),jj[1],ggj[7],jj[3],
210                          (jj[3]-ggj[7])+"",jj[2],((jj[3]-ggj[7])*jj[2])+""]);
211                  ggj[7]=jj[3];
212              }
213              $.盘点数组=$.盘点数组.slice(0,1);
214              $.工具条.盘点记录();
215          }});
216          new _.列表(t_goods_grid,{代号:"ckgoods",列数:2,行高:120,输出:"chofo_
              center",
217              设置单元格:function(i,tw,th,B){
218              return "<div style='background:#0F0'><div
219 style='font-size:22px;text-align:center'>"+B[i][1]+"</div><div>"+B[i]
    [7]+B[i][2]+"</div></div>";
220          }},function(i,src,hidehr,B){
221              $.盘点数组.splice(1,0,[B[i][0],B[i][1],B[i][6],B[i][7],B[i][6]*B
              [i][7],i]);
222              $.选中盘点.refresh();
223          });
224      },
225      盘点记录:function(){
226          new _.网格(t_check_goods_grid,
227                      {代号:"checkgrid",输出:"chofo_center",统计:[5,7]});
228      },
229 };
230 </script>
231 </head><body><script>
232 new _.层([["chofo",{上:48,左:400,下:48,放缩:true}]],{代号:"bms"});
233 new _.工具条(["房间","位置","分类","商品","会员","预订","预订记录","收款记录",
234 "供应商",进货,"进货记录","付款记录","盘点","盘点记录"],
```

```
235     {代号:"toolbar",输出:"chofo_top",选中颜色:"#4b72a5,#4b72a5",无图标:
        true});
236 var t_room_grid=[$.房间.第1行,
237     ["1","会议室","100","60","1.jpg"],
238     ["2","图书室","100","60","2.jpg"],
239     ["3","乒乓球厅","100","60","3.jpg"],
240     ["4","台球厅","100","60","4.jpg"],
241     ["5","影院","100","60","5.jpg"],
242     ["6","报告厅","100","60","6.jpg"],
243     ["7","音乐厅","100","60","7.jpg"],
244     ["8","健身馆","100","60","8.jpg"],
245     ["9","100","60","餐厅","9.jpg"],];
246 var t_place_grid=[$.位置.第1行,
247     ["1","会议室1","100","会议室","100"],
248     ["2","会议室2","101","会议室","100"],
249 /*  ["3","2楼1号位","221","图书室","100"],
250     ["4","3楼2号位","232","图书室","100"],
251     ["5","1号桌","100","乒乓球厅","100"],
252     ["6","2号桌","100","乒乓球厅","100"],
253     ["7","1号台","100","台球厅","100"],
254     ["8","2号台","100","台球厅","100"], */
255     ["9","8排1号","100","影院","100"],
256     ["10","12排20号","100","影院","100"],
257 /*  ["11","2排8号","100","报告厅","100"],
258     ["12","20排18号","100","报告厅","100"], */
259     ["13","1排1号","100","音乐厅","100"],
260     ["14","9排9号","100","音乐厅","100"],
261     ["15","不限位置限人数","100","健身馆","100"],
262     ["16","1号桌","901","餐厅","0"],
263     ["17","大包间","912","餐厅","0"]];
264 var t_goodskind_grid=[$.分类.第1行];
265 var t_goods_grid=[$.商品.第1行,
266     ["1","青岛啤酒","瓶","10","啤酒","1-1.jpg;1-2.jpg","5","89"],
267     ["2","北京烤鸭","只","100","熟食","2-1.jpg;2-2.jpg","30","71"],
268     ["3","大拌菜","份","12","凉菜","3.jpg","5","57"],
269     ["4","天津包子","个","6","主食","4.jpg","3","223"]];
270 var t_client_grid=[$.会员.第1行,
271 ["1","张三","1388888888","男","1"],
272 ["2","李四","1399999999","女","1"]
273 ];
274 var t_paykind_grid=[["序列","名称"],
275 ["1","现金"],["2","微信"],["3","支付宝"],["4","转账"]];
276 var t_book_grid=[$.预订单.第1行];
277 var t_book_goods_grid=[$.预订单明细.第1行];
278 var t_provide_grid=[$.供应商.第1行,
```

```
279 ["1","青岛啤酒","海总","1388878"],];
280 var t_stock_grid=[$.进货单.第1行];
281 var t_stock_goods_grid=[$.进货单明细.第1行];
282 var t_check_goods_grid=[$.盘点记录.第1行];
283 var t_bookpay_grid=[$.收款记录.第1行];
284 var t_stockpay_grid=[$.付款记录.第1行];
285 </script>
286 </body>
287 </html>
```

上面代码中,前16行是固定的表头,第17~230行是工具条及响应事件代码,总计213行,后面的是为了方便测试初始化的数据。

之所以会有200多行代码,是因为书籍的每一行长度有限,一些CSS样式、HTML代码,还有枚举P参数不得不换行,实际开发工具NotePad并没有200行。低于200行的代码就可实现一个功能完备、操作流畅、可在客户端保存的前端信息系统,是前端低代码编程的典型特征。

因为有如此显而易见的优势,用低代码开发的前端系统通常可以作为系统模型在网站上发布,向潜在的客户展示并允许客户试用系统。

前端系统模型展示系统的好处是显而易见的,因为所有的计算都在前端完成,所有试用者不会占用服务器资源,这对于访问量比较大的网站和系统可以节省大量的服务器资源。

6.6 小 结

本章讲解了如何用低代码前端组件实现信息系统的三大流:物流、资金流和信息流。

在数据逻辑设计和概要设计阶段,通过对地点、人物、组织架构等基础数据增加、查询和修改,了解了系统如何管理信息。

在详细设计阶段,在实现预订、进货和盘点功能时,讲解了物品和资金是如何流转的,信息是如何记录的。

整个系统使用了低代码、低弹窗、低跳转和前置计算框架,可以实现系统数据的录入、查询以及修改操作,实现了关联表的互动,并可以在前端保存数据,是一个可以在互联网上发布、让用户试用的系统。

第 7 章　低代码框架的前后端交互

B/S 架构的 Web 应用和网站前后端传送数据的模式是管道—过滤器架构风格,所谓管道—过滤器,是指前端通过某种管道—过滤器向后端传数据,如 Ajax,后端也通过某种管道—过滤器向前端传数据。

前面的章节已经较为详细地讲解了前端如何向后端传数据,从前端角度讲,只要是发送的数据格式对,接收的网址对,参数对,数据成功发送,剩下的就是后端的工作了。

同样,本章仍然是从前端角度来讲解前端需要后端以什么样的方式、什么样的格式传送数据;前端又如何接收后端传过来的数据,让这些数据成为组件的数组 A 参数进行互动。

7.1　前后端交互概述

前后端交互是指由前端主动发起,由事件驱动,向后端发送请求,获得后端应答后向前端返回数据的整个过程。以前端视角看前后端交互过程,着重要强调前端发送请求数据的内容,以及后端返回的数据是否符合格式要求。了解前后端交互的过程,设计前后端交互的数据规范,有利于提高团队开发时前后端的沟通效率,让工作协同性更强。

7.1.1　传统前后端脚本的耦合方式

互联网诞生之初,前端 HTML 页面编写较为简单,但是后端编程非常复杂,即使编写一个简单的程序也需要大量的代码才能完成。为了降低后端编程的难度,微软公司于 1996 年推出了第一个后端编程脚本 ASP。ASP 有很多优点,其中之一是 HTML 语言可以和 ASP 语言混合编程。1999 年 SUN 公司模仿 ASP 推出了 JSP,JSP 使用的是 Java 语法,也跟 ASP 一样支持 HTML 和 JSP 混合编程。

混合编程是一种前后端紧密耦合的编程方式,JSP 页面的混合编程代码示例如下所示。

代码 7-1　JSP 页面混合编程。

```
<html>
    <head>
        <%
            String key=request.getParameter("key");
        %>
    </head>
<body>
    <form action="select.jsp">
```

```
            关键字:<input name="key" value="<%=key%>">
        </form>
    </body>
</html>
```

从代码中可以看出,JSP 页面中 JSP 动态脚本代码以<%%>包裹,嵌入 HTML 代码中,这样,网站的目录文件夹中不需要 htm 扩展名的页面,全部是 jsp 或者 asp 扩展名的页面即可,如图 7-1 所示。

图 7-1　页面混合编程后的文件夹中文件

从图 7-1 中可以看出,每一个文件夹映射了一个数据库表格,而每一个文件下的文件对应了数据库增删改查一种操作。这种编程方式深受 J2EE 中的 EJB 编程风格影响,为每一个数据表作一个 BMP 映射。

这种编程方式有两个严重的缺点,首先是运行速度较慢,因为混合编程意味着需要解释器不断地判断<%%>所在的位置,切换不同的解释方式,这就降低了服务器端程序的运行效率。

其次是紧密耦合需要前后端编程人员紧密协作,对源代码管理器有较高要求。这种协作方式在互联网应用体积较小、代码较少、访问量较低时,一个程序员既可以写前端,又可以写后端。

但是随着 Web 应用和网站的工程规模变大,前后端编程改由不同人员完成,这种紧耦合的混合编程方式大大降低了工作效率,所以需要对前后端解耦合。

7.1.2　低代码框架前后端解耦

前后端解耦经过了两个阶段,一是普通的解耦方式,二是采用低代码、低弹窗框架解耦。普通解耦方式就是简单地将前后端分离,前端是 htm 页面,后端是 jsp 页面,htm 页面前端向后端读取数据方式较为单一,通常采用在页面底部后缀<script src="search.jsp"></script>方式,而提交数据,也是单一地使用 form 表单,所以简单解耦后的文件代码如下所示。

代码 7-2　简单解耦后的代码。

```
<html>
```

```
<head>
    <script></script>
</head>
<body>
    <form action="select.jsp">
        关键字:<input name="key" value="">
    </form>
</body>
</html>
<script src="search.jsp">
```

简单解耦后文件夹中既有 htm 页面,也有 jsp 页面,现在很多 Web 应用还是这种页面风格,如图 7-2 所示。

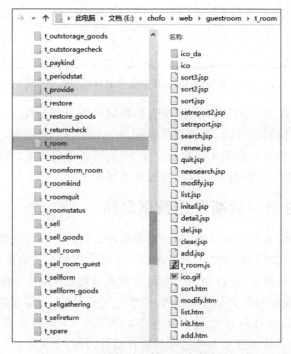

图 7-2　前后端简单解耦后的文件夹中文件

从图 7-2 中可以看出,相对于没有解耦的文件夹,解耦后的文件夹数量没有变化,文件数量增加了,也就是说,解耦提高了速度、协作效率,但是增加了文件量和代码量,自然也会增加程序员的数量。所以简单解耦会提高整个项目成本。

采用低代码、低弹窗框架解耦后,前后端交互全部以 Ajax 方式进行。前面已经讲过,前端向后端提交数据的过程通常封装在组件内部,整个提交过程是透明的,是不需要前端程序员操心的,因此是程序员友好的,必要时使用 Network 也可以看详情。

而前端也是通过 Ajax 方式从后端获取数据,但是不同的应用场景中获取的方式不同,比如页面初始加载的时候,页面底部采用"_.ajax("refresh.jsp");"语句,调用后端的缓存程序获得数据,而定向查询的时候则使用"_.ajax("read/select.jsp");"方式获得查询结果。

所以采用低代码、低弹窗框架编程解耦后的文件夹如图 7-3 所示。

图 7-3　采用低代码、低弹窗框架解耦后的文件夹

从图 7-3 中可以看出,文件夹和数据库表格映射关系全部解除了,文件数量大大减少,整个应用不仅实现了前后端解耦,还增加了 read 和 write 两个文件夹,实现了读写分离。

总之,低代码、低弹窗框架的文件数量变少了,代码量也变少了,每一个程序员独自能做的事情变多了,整个系统工程需要的程序员数量就减少了。

7.1.3　前端以透明向后端发送数据总结

前面已经讲解了输入组件和报表、聊天室等组件如何向后端发送数据请求,讲解得比较分散,这一小节稍作总结归纳,以便于更好地帮助大家掌握前端的数据发送规律。

前端向后端发送数据分为两种方式,一种是数据参数透明,另一种是数据参数不透明。"透明"一词在 IT 行业中的含义是:无形的,程序员不可见的,不需要编程的。如 Java 内存管理是透明的,是指 Java 在内存管理方面不像 C 或者 C++ 那样需要对内存使用块管理。前端发送数据参数透明是指整个发送过程封装在组件内部,是无形的,程序员编程时不需要人为设置参数。这样做的优点跟内存透明一样可以降低编程复杂度和工作量。但数据参数透明并非完全不可知,程序员若想知道发送了哪些参数,只需要使用相应的调试工具,如将组件 P 参数的 debug 设为 true,或者打开 Network 等调试工具即可。

低代码前端组件中有多个组件使用透明方式向后端提交数据,如表 7-1 所示。

表 7-1　使用透明方式向后端发送数据的低代码前端组件

组　　件	P 参数属性
输入 input	表单提交定义:action:sqls.jsp? 上传图片默认调用 upload.jsp
选择器 selected	action:sqls.jsp
网格 grid	表单提交定义:action:sqls.jsp 上传图片默认调用 upload.jsp

续表

组　件	P 参数属性
报表 report	不需要定义,默认调用 read/report.jsp
聊天室 chat	—
登录 logon	—
日志	调用 write/logs.jsp

除了表 7-1 中的数据参数透明的传输方式,还有几种不透明的数据参数传输方式,如表 7-2 所示。

表 7-2　使用不透明方式向后端发送数据的低代码应用场景

应 用 场 景	示 例 代 码
htm 页面第一次加载	_.ajax("read/refresh.jsp?");
工具条事件	_.ajax("sqls.jsp? act＝update&");
按钮事件	_.ajax("sqls.jsp? act＝update&");
定向查询,如查文章正文	_.ajax("read/select.jsp? table＝&id=");

7.1.4　前端接收后端发送数据概述

前端向后端发送数据请求以后,后端程序响应完毕就会向前端反馈结果。不同类型的数据请求的返回结果也是不同的。例如,添加修改类型的数据请求,则不仅返回是否添加成功,还要把成功后的数据从数据库里面查询出来并与旧数据一起返回;如果是删除数据,则要返回删除后剩余的数据;如果只是查询,则按条件返回查询结果。

低代码后端程序返回的数据通常有两种格式,一种是以 JS 对象的形式返回,前端直接调用;另一种是以 JSON 方式返回,需要将 JSON 字符串转换为 JS 对象才可以调用。

低代码后端程序返回的数据内容也有两种,第一种是以二维数组存储的静态数据,这些数据通常会作为组件的数组 A 被组件使用;第二种是前端方法的调用语句,前端一旦接收到这种返回内容,就会自动执行语句。

以云计算为中心的传统 MVC 架构风格中,前端只负责显示,大多数计算都是放在云上的,而在计算前置的框架下。第一种后端传过来的静态数据,通常要被前端组件进行计算后,才能显示;第二种后端只是调用前端的方法,这两种都说明前端已经有了自己独立的MVC 架构。

7.2　后端程序读写分离架构

低代码框架对后端的语言类型没有要求,后端可以用 php、jsp、asp,或者.net,但是为了提高响应速度,前端希望后端是读写分离的。

171

7.2.1　后端程序读写分离的基本概念

后端程序读写分离,顾名思义就是有的后端程序用来从数据库里面读取数据,有的向数据库里面写入数据。

后端程序的读写分离,与数据库自身的读写分离不同,这一点要区分开来。数据库的读写分离是指有两个数据库,一个数据库供后端程序写入,另一个供后端程序读取。

很显然,这两种读写分离在分布式计算时功能不同,程序读写分离意味着程序可以较容易分开部署,数据集中存储。因此可以把后端的计算集中在程序中进行,数据库尽量少作计算。

而数据库读写分离,通常是指有一台数据库服务器作为备份,仅供查询使用,数据库之间的数据同步由数据库自身程序完成。

因为跟前端交互的是后端程序,所以本节主要讲解后端程序的读写分离,而不是数据库的读写分离。

7.2.2　前端从后端读取数据

后端读取程序的程序文件通常有三个,即缓存程序 refresh、报表程序 report 和定向查询 select,完整路径的文件名如表 7-3 所示。

表 7-3　完整路径的文件名

功　能	JSP	PHP	ASP
缓存	read/refresh.jsp	read/refresh.php	read/refresh.asp
报表	read/report.jsp	read/report.php	read/report.asp
定向查询	read/select.jsp	read/select.php	read/select.php

可以看到,这三个程序文件皆放在 read 文件夹下。其主要功能详细讲解如下。

数据库有一些长期不更新,或者更新不频繁的数据,refresh 程序启动时就可以将这些数据读取出来,组合成前端需要的 JS 对象,也就是数组 A 需要的格式,以字符串的形式放在后端服务器的内存中,当前端程序访问的时候,后端程序就不需要再次向数据库查询,直接将内存中存放的字符串提取出来,返回前端即可。这样做的好处是显而易见的,首先,不需要每次向数据库查询,减少了数据库的压力;其次,不需要每一次都做字符串的组合运算,减少了后端服务器的压力;最后,更加有利于分布式部署,当网站或者应用访问压力大的时候,只需要增加后端服务器数量即可,不需要增加数据库服务器的数量。

前端要求后端 refresh 程序返回的内容为二维数组,并以"t_表格名称_grid"方式存储,如物品表 t_goods_grid、学生表 t_students_grid。

报表查询通常是按照时间段进行查询的,但是有的应用中对工作日的划分并非是从 0 点到 24 点,比如酒店有可能是将每天早晨 10 点到翌日早晨 10 点算一天,有些餐饮娱乐场所是从凌晨 4 点到第二天凌晨 4 点。报表程序可以先把这个时间算好,无论是哪种报表都调用这个时间段,这样前端提交查询请求的时候,就不需要提交时间段,只需要提交日期即可。从计算前置角度来考虑,把时间计算放在前端更符合计算前置要求,但是缺点是安全性不够，因为前端时间是可以修改的，容易作弊，所以时间计算通常放在服务器端，以服务器时间为准。

前端要求后端 report 程序返回的内容为二维数组，数组名称在前端 $.js 中已经定义，通常为英文名称，其中主表以"t_英文名称_report"方式存储，明细表以"t_英文名称_detail"方式存储，如销售明细表是 t_sell_report，明细表是 t_sell_detail。

定向查询是指前端利用主键、外键或者关键字提交查询请求的一种查询方式。譬如文章正文内容查询，就是向后端 select 程序提交文章表的主键，也就是文章正文表的外键，然后 select 程序查询出正文数据，向前端返回。再如，某些单据表格，像销售单、进货单、报价单等，里面会有明细，前端向后端 select 程序提交单据的主键，也就是单据明细表的外键，即可获得这个单据的所有明细，并返回前端。

不同的定向查询返回的结果不同，如文章正文以字符串方式返回，但是如果以二维数组方式返回，则要求跟 refresh 程序一样，select 程序需要以"t_表格名称_grid"方式存储，如销售明细表是 t_sell_goods_grid，报价明细表是 t_price_goods_grid。

7.2.3　后端写入数据后返回结果给前端

后端写入数据分为三种，第一种是由输入组件和选择器组件提交数据，此时后端要执行插入操作；第二种是修改数据，即修改数据表的某行或者某列的值；第三种是删除数据。

这些添加、修改和删除程序，通常不是一条 SQL 就能完成的，所以不同语言默认的执行程序是 sqls.jsp、sqls.php 或者 sqls.asp。

无论采用哪种写入方式，sqls 程序返回的方式只有两种，一种是实时更新，另一种是非实时更新。

第一种方法很好理解，即修改数据以后，后端 sqls 程序立刻读取结果，通知前端。这种调用方式下，sqls 程序通常要返回一个调用语句，语句中包含一个前端的方法，前端收到返回结果后，自动执行调用语句，前端方法就获得执行。

第二种方法针对那些更新不太频繁的数据。因为这些数据已经被 refresh 程序读取到了缓存中保留，所以后端 sqls 程序需要通知 refresh 程序更新缓存。这种方式需要 sqls 程序和 refresh 程序之间通信完成，不用经过前端，前端获得数据方式是定时刷新 refresh 程序，以获得最新的结果。

7.3　后端低代码 JSP 读写模板

前面内容已经站在前端角度，将后端需要返回的数据格式写得较为清楚，这一节就以 JSP 为例，给出程序的代码，这些代码仅供后端程序员参考，所以不作详细讲解。有兴趣的读者可以参考笔者的低代码框架后端书籍。

7.3.1　缓存 refresh.jsp

缓存 refresh 程序的主要功能是调用后端 Cache 构件，Cache 构件的主要功能是将数据库中长期不更新，或者更新不频繁的数据读出来，并组合成前端要求的二维数组格式，以字符串的形式存放在后端服务器内存中,因为主要功能 Cache 已经完成,所以 refresh 代码是低代码的,全部 refresh 代码如下所示。

代码 7-3 refresh 调用 Cache 构件实现后端服务器缓存数据库表。

```jsp
<%@page contentType="text/html; charset=UTF-8"%>
<jsp:useBean id="Cache" scope="page" class="com.chofo.database.Cache"/>
<jsp:useBean id="Flow" scope="page" class="com.chofo.database.Flow"/>
<jsp:useBean id="IsNull" scope="page" class="com.chofo.string.IsNull"/>
<jsp:useBean id="Replace" scope="page" class="com.chofo.string.Replace"/>
<%
    Flow.init(request,response,"UTF-8","debug=false");//初始化页面,取消服务器缓存
    String holetime=Flow.getTime(),today=holetime.substring(0,10),
    hour=holetime.substring(11,13),mins=holetime.substring(14,16);
    String yesterday=new java.text.SimpleDateFormat("yyyy-MM-dd").format(
    new java.util.Date(new java.util.Date().getTime()+(-1*43200000L)));
    //20210220 改成 12 小时以内的单据
    String gkd_ids=Flow.reqDefault("gkd_ids",""),sql=request.getParameter
    ("sql");
    Cache.init(request,response,new String[][]{{
    "storage","select sg_id,sg_name from basms.t_storage","10000","","","",""},
        {"staff","select sf_id,sf_name,us_name,sf_duty,sf_sex from basms.t_stuff
        where sf_id>0 order by sf_duty","10000","","","",""},
    },"编码=UTF-8;数据库=wms",2/*秒*/,false);
    Cache.init(new String[][]{
        {"goodskind"+gkd_ids,"select t_goodskind.gkd_cd,gkd_name,gkd_father,
        count(distinct t_goods.gs_id) cc,gkd_remarked,gkd_stock,gkd_image,pt_
        id from basms.t_goodskind left join basms.t_goods on t_goods.gkd_id=t_
        goodskind.gkd_id left join basms.t_storage_goods on t_storage_goods.gs_
        id=t_goods.gs_id where "+(("".equals(gkd_ids)?"gkd_cd not like '15%' and
        gkd_cd not like '16%' and gkd_cd <> '1199'":"t_goods.gkd_id in ("+
        Replace.pole(gkd_ids,"-",",")+")")+
        " group by t_goodskind.gkd_cd,gkd_name order by t_goodskind.gkd_
        cd","","","","",""},
        {"goods"+gkd_ids,"select distinct t_goods.gs_id,gs_name,gs_pinyin,gs_
        unit,gs_othername,sglm_memprice"/*5*/+",
    gs_image,gs_bigimage,gs_remark,gs_zhuji,sglm_number"/*10*/+",
    t_storage_goods.sr_id,sglm_shift,sglm_row,sglm_col,sglm_agioprice"/*15*/+",
    gs_stockprice,gs_page,t_goodskind.gkd_id gkd_id,gkd_name,sr_name"/*20*/+",
    gs_week,gs_hour,gs_hournum,gs_max from basms.t_storage_goods,basms.t_
    goods,basms.t_goodskind,basms.t_storeroom where "+
    ("".equals(gkd_ids)?"gkd_stock='是'":"t_goods.gkd_id in ("+
    Replace.pole(gkd_ids,"-",",")+")")+
    " and sglm_state='正常' and t_storeroom.sr_id=t_storage_goods.sr_id and t_
    storage_goods.gs_id = t_goods.gs_id and t_goods.gkd_id = t_goodskind.gkd_id
    order by t_storage_goods.sg_id,sglm_area,sglm_shift,sglm_row,sglm_
    col","","","","",""},
    });
```

```
sql=Replace.pole(Replace.pole(sql,"goodskind,","goodskind"+gkd_ids+","),"
goods,",
"goods"+gkd_ids+",");
Cache.pole(sql);
out.print("try{$.刷新();}catch(e){}");
%>
```

上面这段代码方便复制使用，refresh.jsp 代码如图 7-4 所示。

```
1   <%@page contentType="text/html; charset=UTF-8"%>
2   <jsp:useBean id="Cache" scope="page" class="com.chofo.database.Cache"/>
3   <jsp:useBean id="Flow" scope="page" class="com.chofo.database.Flow"/>
4   <jsp:useBean id="IsNull" scope="page" class="com.chofo.string.IsNull"/>
5   <jsp:useBean id="Replace" scope="page" class="com.chofo.string.Replace"/>
6   <%
7       Flow.init(request,response,"UTF-8","debug=false");//初始化页面，取消
8       String holetime=Flow.getTime(),today=holetime.substring(0,10),hour=ho
9       String yesterday=new java.text.SimpleDateFormat("yyyy-MM-dd").format
10      String gkd_ids=Flow.reqDefault("gkd_ids",""),sql=request.getParameter
11      Cache.init(request,response,new String[][]{{"storage","select sg_id,
12          {"storeroom","select sr_id,sr_name,sr_remark,sg_name,t_storage.sg
13          {"combogoods","select gs_id1,gs_id2,t_goodsl.gs_name,gs_name1,t_
14          {"room","select rm_id,rm_name,rm_floor,rm_price,rm_hdprice,rm_num
15          {"table","select tl_id,tl_name,tl_nd,rm_name,rm_price,rm_hdprice
16          {"goodsremark","select t_goodsremark.gsrk_id,gsrk_name,gsrk_image
17          {"printer","select distinct t_printers.pt_id,pt_name from webshx
18          {"reason","select slrnrn_id,slrnrn_name,slrnrn_image from basms
19          {"paykind","select pkd_id,pkd_name,pkd_un,pkd_fee from basms.t_pe
20          {"staff","select sf_id,sf_name,us_name,sf_duty,sf_sex from basms
21          {"client","select ci_id,ct_name,ci_phone,ct_sex,mck_name,ci_pswo
22          {"sell","select sell_id,sell_selldate,ci_name,sell_name,sf_name,
23          {"book","select bt_id,bt_time,tl_name,ct_name,ct_phone,bt_number
24          {"holiday","select hd_id,hd_name,hd_date,hd_country from basms.t
25          {"provide","select prd_id,prd_name,prd_short,prd_manager,prd_pho
26          {"memcardkind","select mck_id,mck_name,mck_kind,mck_cardkind,mck
27      ),"编码=UTF-8;数据库=mxxx",2/*秒*/,false);
28      Cache.init(new String[][]{
29          {"goodskind"+gkd_ids,"select t_goodskind.gkd_cd,gkd_name,gkd_fath
30          {"goods"+gkd_ids,"select distinct t_goods.gs_id,gs_name,gs_pinyin
31      });
32      sql=Replace.pole(Replace.pole(sql,"goodskind,","goodskind"+gkd_ids+"
33      Cache.pole(sql);
34      out.print("try{$.刷新();}catch(e){}");
35  %>
```

图 7-4　refresh.jsp 代码

从图 7-4 中的代码可以看出，refresh.jsp 在第 2 行调用了 Cache 构件，第 11 行初始化了 Cache 构件，init()方法的参数是一个二维数组，数组第 1 列是关键字，第 2 列是一个 SQL 语句。Cache 构件使用 SQL 语句从数据库中将数据读出来，调用的时候就用关键字进行调用，如前端的调用语句"_.ajax("read/refresh.jsp? sql＝room,table,client");"的含义是调用 room、table 和 client 三个关键字对应的 SQL 语句查询结果。

需要注意的是，网格组件的第 1 行是有顺序的，所以 init 中的 SQL 语句必须按照前端网格组件第 1 行表头的顺序构造二维数组并返回。

7.3.2　数据流 sqls.jsp

数据流程序 sqls.jsp 是接受前端传输的增删改请求，然后构造 sqls 事务，并执行。数据流 sqls 程序主要用的模式是责任模式，是用 if 和 else 语句实现的，代码如下所示。

代码 7-4　数据流 sqls.jsp 的代码。

```
<%@page contentType="text/html; charset=UTF-8"%>
<%@page import="com.chofo.database.RowOfTable"%>
<jsp:useBean id="Flow" scope="page" class="com.chofo.database.Flow"/>
```

```
<jsp:useBean id="IsNull" scope="page" class="com.chofo.string.IsNull"/>
<%!
String us_name,holetime,today,hour,minute,db,ip;
String isql(RowOfTable fr,String fo,String table){
String s=fr.p(table);if(s==null)return "";
if(s.indexOf("insert")==0){return fo+
"request "+s.substring(s.indexOf("(")+1,s.indexOf(")"))+"<->"+s;
    }else{String key=s.substring(0,s.indexOf("_")).replace("'","")+"_id",
name=s.replace("'","");
String value="{["+fr.p(table).replace(",","]},{[")+"]}".replace("{['","'{[").
replace("']}","]}'");
return fo+"request "+name+"<->insert into "+db+"."+table+"("+key+",
"+name+") values("+db+"."+key+".nextval,"+value+") ";}
}
%>


<%
    Flow.init(request,response,"UTF-8","debug=false;ex_id=-1;");
RowOfTable fr=Flow.getRow();//初始化页面,取消服务器缓存
    ip=request.getRemoteAddr();us_name=Flow.getUser(request);
holetime=Flow.getTime();today=holetime.substring(0,10);
hour=holetime.substring(11,13);minute=holetime.substring(14,16);
    if(IsNull.pole(us_name))us_name=request.getParameter("padname");
    /*从 session 中获取失败,则从地址栏中获取,注意地址栏中不可以使用 us_name,以免跟登
      录混淆*/
    db=Flow.reqDefault("db","exms");
String table=request.getParameter("table"),bill=request.getParameter("bill"),
key=request.getParameter("key"),key2=request.getParameter("key2"),
where=request.getParameter("where");
    String cp_id=request.getParameter("cp_id"),gs_id=request.getParameter("gs_
    id");
    String act=Flow.reqDefault("act","查询","UTF-8");
    Flow.init(new String[]{
        "行业=select td_id,td_name from exms.t_trade",
        "公司=select cp_id,cp_name from exms.t_company",

        "t_trade=insert into exms.t_trade(td_id,td_name) values(exms.td_id.
        nextval,'{[td_name]}')",
        "t_company=insert into exms.t_company(cp_id,cp_name) values(exms.cp_id.
        nextval,'{[er_name|cp_name|us_realname]}')",
        "t_staff=insert into exms.t_staff(sf_id,sf_time,us_name,sf_name,sf_sex,
        sf_address,sf_phone,sf_duty,sf_idcard,cp_id) values(exms.sf_id.nextval,
        chofosysdate,'{[us_name|us_phone|sf_phone|cp_phone]}','{[sf_name|us_
        realname|cp_corporation]}','{[sf_sex|us_sex]}','{[sf_address|us_addr|cp
        _country]}','{[sf_phone|us_phone|cp_phone]}','{[sf_duty]}','{[sf_idcard
```

```
                      |sf_phone|us_phone|cp_phone]}',{[cp_id]})",
        });
        if("logon".equals(act)){Flow.pole(new String[]{//登录成功,显示公司名称
            "request us_name,us_password,cp_id,us_phone,verify,cp_kind""});return;
        }else if("insert".equals(act)){
            if("t_goods".equals(table)){Flow.pole(new String[]{""});return;
                }else if("t_staff".equals(table)){Flow.pole(new String[]{"request cp_
                id"});
                }else{Flow.pole(isql(fr,request.getParameter("for")==null?"":"for",
                table).split("<->"));}
            return;
        }else if("update".equals(act)){
            if("gs_pinyin".equals(column)){Flow.pole(new String[]{"request gkd_id",
"for select gs_id,gs_name from basms.t_goods where gkd_id={[gkd_id]}",
"update "+db+".t_goods set gs_pinyin='{[pinyin1 gs_name]}' where gs_id={[gs_
id]}",
"refresh goods"});return;
            }else if("sg_id".equals(column)){Flow.pole(new String[]{""});return;
            }else if("gs_unit".equals(column)){Flow.pole(new String[]{""});return;
                }else if("sglm_number".equals(column)){Flow.pole(new String[]{""});
return;
        }else if("del".equals(act)){
            if("t_article".equals(table)){Flow.pole(new String[]{"request at_id"});
                }else{
                Flow.pole(new String[]{"request value,key2|00",
                "for select rt_table from "+db+".t_relationaltables where rt_name='"+
                table+"'",
                 "if select "+key+" key2 from "+db+".{[rt_table]} where "+key+"=
                {[value]}",
                "then update "+db+"."+table+" set "+key.replace("_id","_del")+
                    "='yes' where "+key+"={[value]}",
                "then break","end","if key2=='00' ",
                "then delete from "+db+"."+table+" where "+key+"={[value]}"});
            }
        }
    }
%>
```

上面程序的第 3 行调用了 Flow 构件,Flow 构件是后端低代码构件,可以一次性执行多条 SQL 语句,详细功能已在后端低代码编程中介绍过。

另外,需要注意上面程序中的 act 是前端提交过来的,前端除了提交 act 参数,还会提交 table 参数、column 参数,这些参数区分要执行哪个事务。通过这种方式,不同的事务就可以写到一个 JSP 文件中,从而达到节省文件数量的目的。这就是低代码框架中文件数量较少的原因。

7.3.3　定向查询 select.jsp

定向查询 select 程序可以从前端接受主键、外键以及查询关键字,并获得定向查询结

果,然后返回前端,其代码如下所示。

代码 7-5 定向查询 select 程序。

```jsp
<%@page contentType="text/html; charset=UTF-8"%>
<%@page import="com.chofo.database.RowOfTable,java.util.Enumeration"%>
<jsp:useBean id="Flow" scope="page" class="com.chofo.database.Flow"/>
<jsp:useBean id="IsNull" scope="page" class="com.chofo.string.IsNull"/>
<jsp:useBean id="Replace" scope="page" class="com.chofo.string.Replace"/>
<%!
String us_name,holetime,today,hour,minute,db;
%>

<%
    Flow.init(request,response,"UTF-8","debug=false;sf_id=-1;cp_id=-1;");
RowOfTable fr=Flow.getRow();//初始化页面,取消服务器缓存
    us_name=Flow.getUser(request);holetime=Flow.getTime();
today=holetime.substring(0,10);hour=holetime.substring(11,13);
minute=holetime.substring(14,16);
    if(IsNull.pole(us_name))us_name=request.getParameter("padname");
/*如果从 session 中获取失败,则从地址栏中获取,注意地址栏中不可以使用 us_name,以免跟登
    录混淆*/
    db=Flow.reqDefault("db","exms");
    String act=Flow.reqDefault("act","查询","UTF-8");
    Flow.init(new String[]{
        "公司=select cp_id,cp_name from exms.t_company where cp_id>0",
        "员工=select sf_id,sf_name,sf_sex,t_staff.cp_id,us_name from exms.t_
        staff,exms.t_company where t_staff.cp_id=t_company.cp_id",

    });
    if("t_company".equals(act)){Flow.pole(new String[]{
    IsNull.pole(cp_id)?"":"outjs {[公司]} and cp_id="+cp_id, IsNull.pole(cp_
    kind)?"":"outjs {[公司]} and cp_kind='"+cp_kind+"'"});return;
    }else if("staff".equals(act)){Flow.pole(new String[]{
    "request cp_id","outjs {[员工]} and t_staff.cp_id={[cp_id]}",
    "out $.我的.员工管理(t_staff_grid);"});return;
    }
%>
```

上面的代码也是在第 3 行调用后端低代码 Flow 构件,然后获得前端传送的 act 参数的值,并以责任链模式执行查询结果,如图 7-5 所示。

从图 7-5 中可以看出,Flow 的 init() 方法初始化了需要查询的 SQL 语句,这些 SQL 语句需要前后端商量决定,需要注意的是,网格组件的第 1 行是有顺序的,所以 init 中的 SQL 语句必须和 refresh 程序一样,按照前端网格组件的第 1 行表头顺序构造二维数组并返回。

7.3.4 报表 report.jsp

为了避免跟 refresh 和 select 程序返回的二维数组重名,report 程序需要向前端返回的

图 7-5　select 程序

二维数组后缀不同。

report 程序返回的后缀有两种，一种是以 report 结尾的二维数组，另一种是以 detail 结尾的二维数组，代码如下所示。

代码 7-6　report.jsp 返回两种不同结尾的二维数组。

```
<%@page contentType="text/html; charset=UTF-8"%>
<%@page import="com.chofo.database.RowOfTable,com.chofo.database.Properties,
java.util.Enumeration"%>
<jsp:useBean id="Flow" scope="page" class="com.chofo.database.Flow"/>
<jsp:useBean id="IsNull" scope="page" class="com.chofo.string.IsNull"/>
<jsp:useBean id="Replace" scope="page" class="com.chofo.string.Replace"/>
<%!
String us_name,holetime,today,from,to,fromhour,tohour,db;
%>

<%  String fixed=request.getParameter("fixed");
    Flow.init(request,response,"UTF-8","debug=true;sf_id=-1;maxid=-1;minid=
    -1;后缀=_"+(fixed==null?"report":fixed));RowOfTable fr=Flow.getRow();
//初始化页面,取消服务器缓存
    us_name=Flow.getUser(request);holetime=Flow.getTime();
today=holetime.substring(0,10);from=Flow.reqDefault("from",today);
to=Flow.reqDefault("to",from);fromhour=Flow.reqDefault("fromhour","10");
tohour=Flow.reqDefault("tohour","10");
    to=!tohour.equals("24")&&to.equals(from)?new com.chofo.date.Add().p("time="+
```

```
to+";day=1"):to;
/*如果时间不是晚上12点,并且日子不是同一天(可能通过打印传过来的参数),则将日期多加一
  天*/
    if(IsNull.pole(us_name))us_name=request.getParameter("padname");
//如果从 session 中获取失败,则从地址栏中获取,注意地址栏中不可以使用 us_name,以免跟登
  录混淆
    db=Flow.reqDefault("db","wms");
String table=request.getParameter("table"),bill=request.getParameter("bill"),
key=request.getParameter("key"),key2=request.getParameter("key2"),
where=request.getParameter("where");
    String sell_id=request.getParameter("sell_id"),tl_id=request.getParameter
("tl_id"),
ct_id=request.getParameter("ct_id"),sf_id=request.getParameter("sf_id"),
cp_id=request.getParameter("cp_id"),cp_kind=Flow.reqDefault("cp_kind","",
"UTF-8");
    String act=Flow.reqDefault("act","查询","UTF-8");
    Flow.init(new String[]{
        "最大单号=select max(sell_id) maxid from basms.t_sell where (sell_
        selldate>'"+from+"' and sell_selldate<='"+to+"' and sell_starthour<=
        "+tohour+") or (sell_selldate>='"+from+"' and sell_selldate
        <'"+to+"' and sell_starthour>="+fromhour+")",
        "最小单号=select min(sell_id) minid from basms.t_sell where (sell_
        selldate>'"+from+"' and sell_selldate<='"+to+"' and sell_starthour<=
        "+tohour+") or (sell_selldate>='"+from+"' and sell_selldate<'"+to+"'
        and sell_starthour>="+fromhour+")",
        "销售单=select sell_id,tl_name,sell_name,sell_accountmoney,sell_
        realmoney,sell_number"/*5*/+",
        sf_name,ct_name,sell_starthour,sell_startmin,sell_endhour"/*10*/+",
        sell_endmin,sell_interval,rm_name,t_sell.tl_id,sell_enddate"/*15*/+",
        t_client.ct_id from basms.t_sell,memshare.t_client,basms.t_stuff,basms.
t_table,basms.t_room where t_sell.sell_id >={[minid]} and t_sell.sell_id<=
{[maxid]} and t_sell.tl_id=t_table.tl_id and t_sell.ct_id=t_client.ct_id and t_
sell.sf_id=t_stuff.sf_id and t_table.rm_id=t_room.rm_id order by sell_id desc",
        "销售单明细=select t_goods.gs_id,gs_name,gs_unit,sllm_number,sllm_price,
sllm_money,sllm_gain,(sllm_sellmoney-sllm_money) agiomoney,sllm_hour,sllm_
minute from basms.t_sell_goods,basms.t_goods,basms.t_sell where t_goods.gs_id=t
_sell_goods.gs_id and t_sell_goods.sell_id=t_sell.sell_id and t_sell.sell_id=
{[sell_id]} order by sllm_number desc",

    });
    if("sell_goods".equals(act)){Flow.pole(new String[]{
"request sell_id","outjs {[销售明细]}"});return;
    }else if("sell".equals(act)){Flow.pole(new String[]{
"request from,to","最大单号","最小单号","outjs {[销售单]}"});return;
    }

%>
```

上面代码的第 4 行也调用了后端低代码 Flow 构件,如图 7-6 所示。

```
<% String fixed=request.getParameter("fixed");
Flow.init(request,response,"UTF-8","debug=true;sf_id=-1;maxid=-1;mini
us_name=Flow.getUser(request);holetime=Flow.getTime();today=holetime.
to=!tohour.equals("24")&&to.equals(from)?new com.chofo.date.Add().p("
if(IsNull.pole(us_name))us_name=request.getParameter("padname");//从s
db=Flow.reqDefault("db","wms");String table=request.getParameter("tab
String sell_id=request.getParameter("sell_id"),tl_id=request.getParam
String act=Flow.reqDefault("act","查询","UTF-8");
Flow.init(new String[]{
    "最大单号"=select max(sell_id) maxid from basms.t_sell where (sell
    "最小单号"=select min(sell_id) minid from basms.t_sell where (sell
    "销售单"=select sell_id,tl_name,sell_name,sell_accountmoney,sell_r
    "销售单明细"=select t_goods.gs_id,gs_name,gs_unit,sllm_number,sllm
    "销售明细"=select sllm_id,gs_name,sllm_number,sllm_money,t_goods.g
    "收款明细"=select slgg_id,slgg_time,slgg_money,pkd_name,sell_id,us
    "预订记录"=select bt_id,bt_time,tl_name,ct_name,ct_phone,bt_number
    "退菜统计"=select t_goods.gs_id,gs_name,gs_unit,sum(slrn_number) s
    "退菜统计明细"=select slrn_id,slrn_time,gs_name,,gs_unit,slrn_numb
    "换房记录"=select ctl_id,ctl_time,rm_name,tl_name,us_name from bas
    "储值记录"=select svmy_id,svmy_date,ct_name,svmy_money,t_savemoney
    "添菜统计"=select t_goods.gs_id,gs_name,gs_unit,sum(sllm_number) s
    "添菜统计明细"=select t_goods.gs_id,gs_name,gs_unit,sllm_number,sl
    "赠菜统计"=select t_goods.gs_id,gs_name,gs_unit,sum(sllm_number) s
    "赠菜统计明细"=select t_goods.gs_id,gs_name,gs_unit,sllm_number,sl
    "分类统计"=select t_goodskind.gkd_id,gkd_name,sum(sllm_money) sllm
    "分类统计明细"=select t_sell.sell_id,gs_name,gs_unit,sllm_number,s
    "收款统计"=select pkd_id,pkd_name,sum(slgg_money) slgg_money from
    "收款统计明细"=select pkd_id,pkd_name,slgg_money,slgg_time,us_name
    "房间统计"=select t_table.tl_id,tl_name,count(sell_id) cc,sum(sell
    "房间统计明细"=select t_sell.sell_id,tl_name,sell_selldate,sell_ac
    "会员统计"=select t_client.ct_id,ct_name,count(sell_id) cc,sum(sel
    "会员统计明细"=select t_sell.sell_id,tl_name,sell_selldate,sell_ac
    "员工统计"=select t_stuff.sf_id,sf_name,count(sell_id) cc,sum(sell
    "员工统计明细"=select t_sell.sell_id,tl_name,sell_selldate,sell_ac
    "时间统计"=select sell_hour,sell_hour,count(sell_id) cc,sum(sell_n
    "时间统计明细"=select t_sell.sell_id,tl_name,sell_selldate,sell_ac
    "采购单"=select sell_hour,sell_hour,count(sell_id) cc,sum(sell_num
    "采购单明细"=select t_sell.sell_id,tl_name,sell_selldate,sell_acco
    "进货单"=select sk_id,sk_name,sk_stockdate,prd_name,sf_name,sk_del
    "进货单明细"=select t_stock_goods.sk_id,prd_name,sf_name,sklm_id;
    "送货单"=select sell_hour,sell_hour,count(sell_id) cc,sum(sell_num
    "进货单明细"=select t_sell.sell_id,tl_name,sell_selldate,sell_acco
    "入库单"=select isg_id,isg_time,isg_name,isg_selldate,sg_name,sf_n
    "入库单明细"=select t_instorage.isg_id,isg_kind,islm_id,isg_name,s
    "出库单"=select osg_id,t_outstorage.sg_id,osg_outdate,osg_name,osg
    "出库单明细"=select oglm_id,t_outstorage.osg_id,osg_name,osg_name,
    "盘点单"=select sgck_id,sgck_name,sgck_time,sgck_date,sf_name,sg_n
    "盘点单明细"=select scgs_id,scgs_time,t_storagecheck.sgck_id,sgck_
```

图 7-6 report 程序

图 7-6 中的统计语句和明细语句是成对出现的,一个统计后面跟着一个明细,统计返回的是以 report 结尾的二维数组,明细返回的是以 detail 结尾的二维数组,前端单击报表组件的一行,左侧就可以显示该行统计的明细。

7.4 其他交互

前端低代码组件中,还有上传图片、日志功能,需要得到后端的响应,所以这里将后端的响应程序也作一下简单介绍。

7.4.1　上传图片 upload.jsp

前端列表组件和网格组件都可以上传图片,前端上传程序已经将二进制的图片文件转换为十六进制字符串,所以后端 upload 程序接收到字符串后还需要再转换为二进制存储,代码如下所示。

代码 7-7　后端接收图片上传的程序 upload.jsp 代码。

```
<%@page contentType="text/html;charset=UTF-8"%>
<jsp:useBean id="Flow" scope="page" class="com.chofo.database.Flow"/>
<jsp:useBean id="IsNull" scope="page" class="com.chofo.string.IsNull"/>
<%!
    void save64(String file,String content){
    sun.misc.BASE64Decoder decoder=new sun.misc.BASE64Decoder();
    try{byte[] b=decoder.decodeBuffer(content);
    for(int i=0;i<b.length;++i){if(b[i]<0){b[i]+=256;}}
    java.io.OutputStream out=new java.io.FileOutputStream(file);
     out.write(b);out.flush();out.close();}catch(Exception e){System.out.
println(e);}}
%>
<%
Flow.init(request,response,"UTF-8","debug=true;er_order=0");
                                        //初始化页面,取消服务器缓存
    String holetime=new java.text.SimpleDateFormat("yyyyMMddHHmmss").format(
java.util.Calendar.getInstance().getTime());
    String us_name=(String)session.getAttribute("us_name"),
big=java.net.URLDecoder.decode(request.getParameter("big"),"UTF-8"),
small=request.getParameter("small");
    String db=Flow.reqDefault("db","exms8"),table=request.getParameter
("table"),
name=request.getParameter("name"),id=request.getParameter("id"),
path=request.getParameter("path"),pps=Flow.reqDefault("pps",""),
output=request.getParameter("output");
    String act=Flow.reqDefault("act","insert"),
file=(path==null?table:path)+"/"+name+id+pps;
String realpath=request.getSession().getServletContext().getRealPath("/")+
(path==null?"/"+db:"")+"/"+file;
System.out.println(path+holetime+";small="+small+";file="+file+";name="+name);
Flow.init(new String[]{
"cp_image=update exms.t_company set cp_image='{[value]}' where cp_id={[id]}",
});
if(small!=null){save64(realpath+"b.jpg",big.substring(23));save64(realpath+".
jpg",java.net.URLDecoder.decode(small,"UTF-8").substring(23));
}else{save64(realpath+".jpg",big.substring(23));
    /* 20220506 如果不保存小图,则大图名称后面不加 b */}
    if("insert".equals(act)){//out.println("_.el('"+name+"img').src=_.el('"+
```

```
name+"img').src.replace('ico/upload.png','"+file+".jpg? v="+holetime+"');if(_.
el('"+name+"')!=null)_.el('"+name+"').value='"+file+".jpg';");
    if("er_bgimage".equals(table))
    Flow.pole(new String[]{"request er_id,"+table,"查"+table,table});
    }else if("update".equals(act)){Flow.pole(new String[]{
    "request key,value","update exms."+table+" set "+name+"= '{[value]}' where
{[key]}="+id
    });
    }
%>
```

上面的代码中,比较重要的是定义了一个 save64 的方法,该方法可以将 base64 格式的字符串转换为二进制图片。上传程序还有一个功能是更改数据库表格的字段内容,如图 7-7 所示。

图 7-7 upload.jsp 中更改数据库字段的程序

从图 7-7 中可以看出,更改数据库中字段的语句也是由 Flow 构件完成的。

7.4.2 日志 log.jsp

在低弹窗、低跳转框架中,前端程序几乎都放在一个文件中,提高了程序的运行效率,后台的访问日志就会减少。这对于企业应用软件来说是优点,但是对于网站来说就有些困惑,因为网站是在意点击率的。前端低代码组件,如标签、工具条、按钮、报表等组件都会默认向后端 logs.jsp 发送单击动作,如图 7-8 所示。

从图 7-8 中第 16 行可以看出,logs.jsp 将不同的组件标签、按钮事件进行分类初始化和存储。

```
1   <%@page contentType="text/html;charset=GBK"%>
2   <jsp:useBean id="Flow" scope="page" class="com.chofo.database.Flow"/>
3   <%!
4   String ip;
5   String table(String act,String key,String d){return "create table exms.t_"+act+"log"
6   String table(String act,String key){return table(act,key,"");}
7   String table(String act){return table(act,null,"");}
8   String insert(String act,String key,String d){return "insert into exms.t_"+act+"log"
9   String insert(String act,String key){return insert(act,key,"");}
10  String insert(String act){return insert(act,null,"");}
11  %>
12  <%
13      Flow.init(request,response,"GBK","debug=false;");//初始化页面，取消服务器缓存
14      ip=request.getRemoteAddr();String us_name=Flow.getUser(request),act=request.getP
15      String column="log_id bigint(10) auto_increment not null primary key,log_time da
16      Flow.init(new String[]{"标签="+table("tab"),"按钮="+table("button"),"会议="+tabl
17      Flow.pole(new String[]{"request_name,sf_id,ex_id,mt_id,hl_id,gkd_id,bd_id,er_id,
18  %>
19
```

图 7-8　日志程序代码

7.5　小　结

本章从前端角度对后端返回的数据提出了要求,归纳起来就是:读取程序时 refresh、select 和 report 需要以二维数组方式返回数据,其中 refresh 和 select 返回的数组以 grid 结尾,report 返回的数组以 report 和 detail 结尾。

写入 SQL 程序更新数据后需要通知 refresh 程序,并以方法的形式返回结果通知前端更新成功。

前端不要求后端程序必须以某一种语言实现,非 JSP 语言的后端程序参考 JSP 程序模板编写程序即可实现与前端的交互。

参 考 文 献

[1] 罗杰·S.普莱斯曼,布鲁斯·R.马克西姆.软件工程:实践者的研究方法(原书第 9 版)[M].北京:机械
    工业出版社,2021.
[2] 杨春晖.系统架构设计师教程[M].北京:清华大学出版社,2012.
[3] 于丙超.网站开发:项目规划、设计与实现[M].北京:电子工业出版社,2004.
[4] 马特·弗里斯比.JavaScript 高级程序设计[M].李松峰,译. 4 版. 北京:人民邮电出版社,2020.

参考文献